数学·统计学系列

方程的整数解漫谈

On Integral Solution of Equation

〔波〕谢尔品斯基 (Sierpinski) 著

余应龙 译

哈尔滨工业大学出版社

HARBIN INSTITUTE OF TECHNOLOGY PRESS

内 容 简 介

本书研究了方程的自然数解、整数解以及有理数解.考虑到读者的范围较广,作者挑选了一些不用专门的数论方法就可以解决的方程,有时为了保证叙述的系统性,作者还对用数论工具解决的问题的结果做了一些简短的介绍.本书中除了一些经典问题外,还报道了许多在近 20 年到 30 年的研究成果.

本书适合于对数学有兴趣的高中学生和大学生,中学教师也可以把本书中的许多内容作为数学兴趣小组的讲课内容.

图书在版编目(CIP)数据

方程的整数解漫谈/(波)谢尔品斯基(Sierpinski)著;余应龙译.—哈尔滨:哈尔滨工业大学出版社,2021.3
ISBN 978 - 7 - 5603 - 8828 - 1

Ⅰ.①方…　Ⅱ.①谢…　②余…　Ⅲ.①方程解-研究
Ⅳ.①O122.2

中国版本图书馆 CIP 数据核字(2020)第 089619 号

策划编辑　刘培杰　张永芹
责任编辑　张永芹　张嘉芮
出版发行　哈尔滨工业大学出版社
社　　址　哈尔滨市南岗区复华四道街 10 号　邮编 150006
传　　真　0451－86414749
网　　址　http://hitpress.hit.edu.cn
印　　刷　哈尔滨市工大节能印刷厂
开　　本　787 mm×1 092 mm　1/16　印张　8.5　字数　74 千字
版　　次　2021 年 3 月第 1 版　2021 年 3 月第 1 次印刷
书　　号　ISBN 978 - 7 - 5603 - 8828 - 1
定　　价　48.00 元

(如因印装质量问题影响阅读,我社负责调换)

译者的话

◎

著名的波兰数学家谢尔品斯基的《方程的整数解漫谈》一书的中文版与读者见面了,感到有必要向读者介绍一下关于这本书问世的过程.

1966年初春的一个周日我去上海图书馆阅读,被一本俄语版的波兰著名数学家谢尔品斯基(1882—1969)的《方程的整数解漫谈》吸引住了,翻了几页,看到有许多内容令人着迷,以前从未见,真有大开眼界之感,而且行文浅显易懂,值得介绍给学生.由于这本书不能外借,我连续去了几次,对一些十分精彩的内容摘录下来,又觉得这么好的一本书光是摘录就显得不够完整,也缺乏系统性,而且许多内容难以割爱,便决定将整本书翻译下来,如果有朝一日能出版成书,让更多的读者学习,欣赏这本书,那真是我莫大的荣幸.

当时正值"文革"前夕,我感到必须尽快完成翻译.因为我的家和工作的地点离上海图书馆都较远,每天要走一个"大三角",所以一下班就带着中午在食堂买的馒头去上海图书馆,直到9点钟闭馆回家,天天如此.经过一段时间,我终于在上海图书馆闭馆前几天完成翻译.我不知有无机会出版它,遂将译稿束之高阁,时而翻翻,这样一躺就是几十年,保存至今.

十几年前,我将这本手写的书稿输入电脑,打印成册,看上去正规多了,甚是美观,于是寻找机会出版.多年后,哈工大出版社接受出版,编辑告诉我,因出版任务繁忙,以及著作权的缘故,这本书至少要等到2019年才能出版.

2020年初夏,哈工大出版社给我寄来了样书,准备校对后出版.为了保证质量,我再去上海图书馆寻找原书进行校对,由于时间漫长,上海图书馆已经迁至新馆,再加上疫情缘故,经过一番周折终于在图书馆的工作人员的帮助下找到了这本书.能在阔别五十多年后再次见到该书真让我喜出望外,同时对图书馆的工作人员保护珍贵书籍表示敬意,也为他们不辞辛苦为读者所想的精神表示感谢.因为该书是孤本,根据规定不能外借,但允许复印,于是我复印后安心而愉快地进行校对.

哈工大出版社圆了我五十四年的梦,这对我真是一件幸事.广大读者能见到这本书,学习这本书,欣赏这本书,更是一件幸事.在这里我对哈工大出版社,以及尊敬的刘培杰,张永芹两位老师表示衷心的感谢,他们对本书的出版付出了太多太多.

2020 年 8 月

俄译者序

　　卓越的波兰数学家谢尔品斯基（Sierpinski）在本书中研究了许多有自然数解、整数解以及有理数解的方程和方程组．其中有一些最简单的方程在古代就由毕达哥拉斯（Pythagoras，公元前 6 世纪）和丢番图（Diophantus，公元 3 世纪）研究过了．为了纪念后者，这些方程也叫丢番图方程．丢番图方程一直引起数学家的注意．费马（Fermat，1601—1665）、欧拉（Euler，1707—1783）、拉格朗日（Lagrange，1736—1813）、高斯（Gauss，1777—1855）、切比雪夫（Chebyshev，1821—1894）等大数学家都研究过这些问题．许多当代的数学家也对此极为关注，苏联数学家对此做出了重大的贡献．系统地研究丢番图方程要求读者具备深厚的数论知识．本书中研究的方程大多数是可以用初等数学的方法解决的．也就是说，并不需要读者具有

1

关于数论的专门知识.用欧拉的话来说,这种初等的丢番图分析是适用于初学者锻炼思维以及培养在计算中的速度和灵敏度的好方法.它在数学上的意义也是无可争辩的.这一领域中有许多问题要求读者具有较强的创造能力,同时也培养读者在数学中具有独立思考的习惯.

必须注意,一般认为丢番图分析具有重大的理论意义,因为它与数论中许多极其重要的问题有密切的联系,还因为物理学和力学中有些问题也归结为解丢番图方程,所以近年来它也具有了实用价值.

谢尔品斯基的这本书包括了很广泛的一类丢番图方程的求解问题.书中选取了许多不用数论工具就能解决的方程和方程组,并且为了保证叙述的系统性,作者还常常给出用数论工具研究的结果的报道,当然在这种情况下报道是概括性的.本书中除了一些经典的问题外,还列出了近二三十年的研究成果.本书实际上是丢番图分析的通俗专题论文.对数学有兴趣的高中学生、大学生和中学教师读一读这本书是很有益的.中学教师还可以把本书中的一些内容作为数学课外小组的讲课内容.

谢尔品斯基的这本书于1956年在华沙出版,虽然书中介绍的一些内容已经陈旧,但也有一些内容可以做一些补充.作者在把本书内容中有必要的修正和补充寄给我以前,对本版也做了很多工作,对全书都进行了修订.

最后，我要对苏联科学院通讯院士 Ю. В. Линник 表示感谢，我建议把本书译成俄语得到了他的支持，也要对本书的编辑 Г. П. Акилов 表示感谢，他对我在付印前的手稿提出了许多宝贵的意见.

И. Мельников

◎

目

录

§1　一元任意次方程

方程的整数解是数论中最重要的篇章之一.

我们先研究一元方程.设给定方程

$$a_0 x^m + a_1 x^{m-1} + \cdots + a_{m-1} x + a_m = 0 \qquad (1)$$

这里 m 是自然数,$a_0, a_1, \cdots, a_{m-1}, a_m$ 是整数,并且 $a_m \neq 0$.如果整数 x 满足方程(1),那么有

$$(a_0 x^{m-1} + a_1 x^{m-2} + \cdots + a_{m-1}) x = -a_m$$

由此可知,x 应该是 a_m 的约数.因为 $a_m \neq 0$ 只有有限多个约数,所以方程(1)的所有整数解都可以由有限次的尝试求得,也就是说,把 a_m 的所有约数(不管正的还是负的)一一代入方程(1),并选取其中能满足上述方程的约数.

如果 $a_m = 0$,那么方程(1)显然有解 $x = 0$.要求出其他的解,只需要解方程

$$a_0 x^{m-1} + a_1 x^{m-2} + \cdots + a_{m-1} = 0$$

如果 $a_{m-1} \neq 0$,那么我们可以像对方程(1)那样处理.如果 $a_{m-1} = 0$,那么可归结为 $m-2$ 次方程,依此类推.

例　求方程

$$x^5 - 5x^4 - 3x^3 + 15x^2 + 2x - 10 = 0$$

的所有整数解.

因为 -10 这个数只有 $1, 2, 5, 10$ 和 $-1, -2, -5,$

－10 这 8 个约数,所以我们应该把这 8 个约数一一代入方程.不难验证,其中只有 $1,5$ 和 -1 满足方程,于是这 3 个数就是这个方程的所有整数解.

我们把方程

$$x^8+x^7+x+1=0$$

作为第二个例子.这里我们应该把 1 的仅有的约数 1,-1 代入方程.这样我们确定出只有 -1 是上述方程的整数解.

因此,寻求已知整系数多项式的所有整数根,甚至对于次数很高的多项式,也不困难,只存在技术上的麻烦.这里的问题要远比代数中的求已知多项式的所有根的问题容易.

§2　任意个未知数的线性方程

现在转向含有一个以上的未知数的方程. 先从所谓的线性方程, 也就是从形如

$$a_1x_1+a_2x_2+\cdots+a_mx_m=b \qquad (2)$$

的方程开始, 这里 m 是大于 1 的自然数, $a_1,a_2,\cdots,a_m$ 和 b 是已知整数. 首先, 我们可以假定方程 (2) 的所有系数都是自然数. 因为系数为 0 的项可以除去, 而负系数可以改变为绝对值相等的正系数, 再变更它的未知数的符号. 如果在系数 $a_1,a_2,\cdots,a_m$ 中有两个相等, 例如 $a_1=a_2$, 那么设 $x_1+x_2=x$, 再代入方程 (2), 得到方程

$$a_1x+a_3x_3+a_4x_4+\cdots+a_mx_m=b \qquad (3)$$

如果我们取 $x=x_1+x_2$, 那么从方程 (2) 的每一组整数解 $x_1,x_2,\cdots,x_m$ 可得到方程 (3) 的整数解 $x,x_3,x_4,\cdots,x_m$. 而从方程 (3) 的每一组整数解 $x,x_3,x_4,\cdots,x_m$ 中取 x_1 为任意整数, 并设 $x_2=x-x_1$, 可以得到方程 (2) 的整数解 $x_1,x_2,\cdots,x_m$.

这样, 求方程 (2) 的所有整数解的问题就归结为求未知数的个数较少的方程 (3) 的整数解. 如果这里还有 $a_1=a_3$, 或者其他某两个未知数的系数相等, 那么方程 (2) 可归结为少于 $m-1$ 个未知数的方程.

因此可进一步假定方程 (2) 的系数 $a_1,a_2,\cdots,a_m$

是各不相同的自然数. 其中的一个, 比如说 a_1 最大, 特别地, 有 $a_1 > a_2$, 那么假定 a_1 除以 a_2 的商是整数 k, 余数是 a_2', 因此 $a_1 = a_2 k + a_2'$, 这里 k 是自然数, a_2' 是这样的整数: $0 < a_2' < a_2$. 取 $x_1' = x_1 k + x_2$, $x_2' = x_1$, $a_1' = a_2$, 此时有

$$a_1 x_1 + a_2 x_2 = a_2 (k x_1 + x_2) + a_2' x_1 = a_1' x_1' + a_2' x_2'$$

方程 (2) 就变为方程

$$a_1' x_1' + a_2' x_2' + a_3 x_3 + \cdots + a_m x_m = b \qquad (4)$$

如果取 $x_1' = x_1 k + x_2$, $x_2' = x_1$, 那么由方程 (2) 的每一组整数解 $x_1, x_2, \cdots, x_m$ 可以得到方程 (4) 的整数解 $x_1', x_2', x_3, \cdots, x_m$. 反之, 如果设 $x_1 = x_2'$, $x_2 = x_1' - k x_1$, 那么我们可以由方程 (4) 的每一组整数解 x_1', $x_2', x_3, \cdots, x_m$ 得到方程 (2) 的整数解 $x_1, x_2, \cdots, x_m$.

因此, 方程 (2) 的整数解就归结为方程 (4) 的整数解. 而方程 (4) 的未知数的系数中最大的一个 (考虑到 $a_1' = a_2 < a_1$) 要小于方程 (2) 中未知数的系数最大的一个. 再用类似的方法可从方程 (4) 得到一个最大系数小于方程 (2) 最大系数的方程, 依此类推.

因为递减的自然数列不可能是无限的, 所以利用上述方法可以得到只有一个未知数的方程 (解这种方程是不会感到困难的), 或者得到一个各个未知数的系数都相等的方程, 例如方程

$$c y_1 + c y_2 + \cdots + c y_k = b$$

由这个方程可知,常数项 b 应能被 c 整除[①]. 如果这个条件不能满足,那么这一方程无整数解,于是方程(2)也无整数解. 如果 b 除以 c 所得的商是整数 d,那么就得到方程 $y_1+y_2+\cdots+y_k=d$,只要取 $y_2,y_3,\cdots,y_k$ 为任意整数,再取 $y_1=d-y_2-y_3-\cdots-y_k$,就可得到这一方程的所有整数解[②].

例　应用上述方法求方程

$$6x+10y-7z=11 \qquad\qquad (5)$$

的所有整数解 x,y,z.

取 $z'=-z$,得方程 $6x+10y+7z'=11$. 考虑到 $10=7+3$,得方程 $6x+7(y+z')+3y=11$. 再设 $y+z'=t$,得方程 $6x+7t+3y=11$. 现在考虑到 $7=6+1$,得 $6(x+t)+t+3y=11$. 再设 $x+t=u$,得方程 $6u+t+3y=11$. 如果把 y 和 u 看作任意整数,并取 $t=11-3y-6u$,那么就得到这个方程的所有整数解 u,t,y. 因为 $x+t=u$,所以有 $x=u-t=3y+7u-11$,还因为 $z'=-z$ 和 $y+z'=t$,所以我们又求出 $z=y-t=4y+6u-11$.

方程(5)的所有整数解 x,y,z 就由以下公式给出

$$x=3y+7u-11,\quad z=4y+6u-11$$

这里 y 和 u 是任意整数. 实际上,有

---

① 这里作者没有假定方程(2),即方程 $cy_1+cy_2+\cdots+cy_k=b$ 有整数解.（俄译者）

② 这一断言具有理论意义. 实际上,在求方程(2)的整数解时,上述方法可一直用到方程中有一个未知数等于 1 时为止. 作者在下面求方程(5)的解时就说明了这一点.（俄译者）

$$6(3y+7u-11)+10y-7(4y+6u-11)=11$$

同样,容易证明,如果方程(2)有整数解,那么这样的解(在 $m>1$ 的情况下)有无穷多组.实际上如果存在满足条件

$$a_1y_1+a_2y_2+\cdots+a_my_m=b$$

的整数 $y_1,y_2,\cdots,y_m$,那么设 $x_i=y_i+a_mt_i(i=1,2,3,\cdots,m-1)$,$x_m=y_m-a_1t_1-a_2t_2-\cdots-a_{m-1}t_{m-1}$,这里 $t_1,t_2,\cdots,t_{m-1}$ 是任意整数.我们就得到整数 x_1,$x_2,\cdots,x_m$.容易验证,这些整数满足方程(2).

方程(2)有整数解的必要条件是常数项能被各未知数的系数 $a_1,a_2,\cdots,a_m$ 的最大公约数 d 整除.事实上,如果某些整数 $x_1,x_2,\cdots,x_m$ 满足方程(2),那么 d 将是每一个积 $a_1x_1,a_2x_2,\cdots,a_mx_m$ 的约数,当然也是它们的和 b 的约数.

现在我们来证明这个条件也是充分的,即如果 b 能被数 $a_1,a_2,\cdots,a_m$ 的最大公约数整除,那么存在满足方程(2)的整数 $x_1,x_2,\cdots,x_m$.

设 $a_1,a_2,\cdots,a_m$ 是整数,其中至少有一个不等于零,例如 a_1 不等于零.令 d 属于以下方法定义的自然数集 D:当且仅当存在满足

$$n=a_1x_1+a_2x_2+\cdots+a_mx_m \qquad (6)$$

的整数 $x_1,x_2,\cdots,x_m$ 时,自然数 n 属于集合 D.

集合 D 是非空的(即它至少含有一个数),因为

$$a_1=a_1\times1+a_2\times0+\cdots+a_m\times0$$

和

$$-a_1=a_1\times(-1)+a_2\times0+\cdots+a_m\times0$$

6

都是自然数,并且有 $ax - by = c$.

因此,我们证明了如果方程(8)(这里 a, b, c 是自然数)有整数解 x, y,那么它也有无穷多组自然数解 x, y.

另一个问题是方程

$$ax + by = c \qquad\qquad (9)$$

这里 a, b, c 是自然数. 假定这一方程有整数解 x, y,即 c 能被 a 和 b 的最大公约数 d 整除.

把 a, b, c 都除以 d,由方程(9)得一新方程,这一新方程中未知数的系数互质. 现在设方程(9)中的系数 a 和 b 互质.

如果 $c = ab$,那么方程(9)没有自然数解. 否则有 $ax + by = ab$,即 $ax = b(a - y)$. 因为 a 和 b 互质,所以 x 能被 b 整除,即 $x \geqslant b$,由此推得 $ax + by > ax \geqslant ab$,这与 $ax + by = ab$ 矛盾.

现在证明对每一个自然数 $c > ab$,方程(9)都有自然数解 x, y.

假定 a 和 b 为互质的自然数,c 是大于 ab 的自然数. 如上所证,存在着自然数 u 和 v,使 $au - bv = c > ab$,由此 $\dfrac{u}{b} - \dfrac{v}{a} > 1$. 因此存在整数 t,使 $\dfrac{v}{a} < t < \dfrac{u}{b}$(小于 $\dfrac{u}{b}$ 的最大整数就是这样的数). 设 $x = u - bt, y = at - v$;这两个数都是整数,并且 $x > 0, y > 0$. 于是 x, y 都是自然数,并且有

$$ax + by = a(u - bt) + b(at - v) = au - bv = c$$

这就是要证明的.

同时我们也证明了如果 a 和 b 是互质的自然数，那么每一个大于 ab 的自然数都可以表示为 $ax+by$ 的形式，这里 x,y 为自然数.

一般地，可以证明，如果 $a_1,a_2,\cdots,a_m$ 和 b 是自然数，b 能被数 $a_1,a_2,\cdots,a_m$ 的公约数整除，那么对于充分大的 b，方程（2）有自然数解 $x_1,x_2,x_3,\cdots,x_m$（显然这一方程的自然数解 $x_1,x_2,x_3,\cdots,x_m$ 的组数对每个自然数 b 都是有限个（组数大于或等于 0），因为必定有 $x_i\leqslant b(i=1,2,3,\cdots,m)$）.

特别地，由此可得如果 $a_1,a_2,\cdots,a_m$ 是自然数，它们没有大于 1 的公约数，那么每个充分大的自然数都能表示为 $a_1x_1+a_2x_2+\cdots+a_mx_m$ 的形式，这里 $x_1,x_2,x_3,\cdots,x_m$ 是自然数.

§3　中国剩余定理

如果 m 是大于或等于 2 的自然数，$a_1,a_2,\cdots,a_m$ 是自然数，并且两两互质，$r_1,r_2,\cdots,r_m$ 是任意整数，那么存在满足方程组

$$a_1x_1+r_1=a_2x_2+r_2=\cdots=a_mx_m+r_m \qquad (10)$$

的整数 $x_1,x_2,x_3,\cdots,x_m$.

证明　当 $m=2$ 时，定理正确，因为 a_1 和 a_2 互质，所以方程 $a_1x-a_2y=r_2-r_1$ 有整数解 x,y.

现在假定定理对某个自然数 $m\geqslant2$ 成立. 设 $a_1,a_2,\cdots,a_m,a_{m+1}$ 是自然数，并且两两互质，$r_1,r_2,\cdots,r_m,r_{m+1}$ 是任意整数. 由假定定理对某个自然数 m 成立，那么存在着使方程组（10）成立的整数 $x_1,x_2,x_3,\cdots,x_m$. 因为 $a_1,a_2,\cdots,a_m$ 中的每一个都和 a_{m+1} 互质，所以它们的积 $a_1a_2\cdots a_m$ 也和 a_{m+1} 互质. 因此存在整数 t 和 u，满足方程

$$a_1a_2\cdots a_mt-a_{m+1}u=r_{m+1}-a_1x_1-r_1$$

现在取

$$x_i'=\frac{a_1a_2\cdots a_m}{a_i}t+x_i(i=1,2,3,\cdots,m),x_{m+1}'=u$$

数 $x_1',x_2',\cdots,x_m'$ 是整数，并且容易验证

$$a_1x_1'+r_1=a_2x_2'+r_2=\cdots=a_{m+1}x_{m+1}'+r_{m+1}$$

这样，就用数学归纳法证明了上述定理.

从上述证明的定理可知,如果 $a_1, a_2, \cdots, a_m$ $(m \geqslant 2)$两两互质,那么存在这样的整数,它除以 a_1, $a_2, \cdots, a_m$ 得到任意预先给定的余数 $r_1, r_2, \cdots, r_m$. 这一情况解释了定理的名称的由来①. 因为这个整数可以增加数 $a_1 a_2 \cdots a_m$ 的任意整数倍,所以除以 a_1, $a_2, \cdots, a_m$ 后得到的余数分别为 $r_1, r_2, \cdots, r_m$ 的自然数有无穷多个.

① 我们知道,其实中国人在公元 3 世纪前就已掌握了这一定理. 可见《中国学者在数学领域中的成就》(А. П. Юшкевич). 数学史研究 вып. Гостехизат,1955.(俄译者)

§4　二元二次方程

现在转向二元二次方程.要举出没有整数解的二元二次方程的例子是很容易的.例如,方程 $x^2 + y^2 - 3 = 0$ 就没有整数解.也容易举出有有限组整数解的方程的例子,例如方程

$$x^2 + y^2 - 65 = 0$$

只有十六组整数解.即

$$(1,8),(-1,8),(1,-8),(-1,-8),$$
$$(8,1),(8,-1),(-8,1),(-8,-1),$$
$$(4,7),(-4,7),(4,-7),(-4,-7),$$
$$(7,4),(7,-4),(-7,4),(-7,-4)$$

研究对怎样的整数 k,方程

$$x^2 - y^2 = k$$

有整数解 x,y 是很容易的.要这个方程至少有一组整数解的充要条件是数 k 除以 4 所得的余数不是 2.

事实上,如果存在整数 x,y 有 $x^2 - y^2 = k$,并且数 x,y 皆为偶数,那么显然数 x^2 和 y^2 都能被 4 整除,于是它们的差也能被 4 整除.

如果 x,y 一奇一偶,那么 $x^2 - y^2$ 为奇数,即 k 也是奇数.

最后,如果 x,y 皆为奇数,那么由于奇数的平方除以 4 余 1,所以 $x^2 - y^2$ 能被 4 整除,即 k 也能被 4 整除. 这样无论在哪一种情况下（上述方程有整数解 x, y 时），数 k 除以 4 所得的余数都不是 2，因此上述条件是必要的.

现在假定整数 k 除以 4 所得的余数不是 2. 这时，如果 k 是偶数，那么它能被 4 整除，因此 $\dfrac{k}{4}$ 是整数，所以数 $x=\dfrac{k}{4}+1$ 和 $y=\dfrac{k}{4}-1$ 是整数. 容易验证它们满足上述方程.

如果 k 是奇数，那么有 $k=2l+1$，这里 l 是整数. 数 $x=l+1, y=l$ 当然是整数，容易验证它们也满足上述方程. 因此上述条件是充分的.

容易证明，对于每一个整数 k，方程 $x^2-y^2=k$ 都只有有限多组（大于或等于 0 组）整数解 x, y.

显然只要对自然数 k 和自然数解 x, y 进行证明就够了. 如果自然数 x, y 满足方程 $x^2-y^2=k$（这里 k 是自然数），那么 $x>y$. 由此可知 $x-y\geqslant 1$，并且有 $(x-y)(x+y)=k$，所以 $x+y\leqslant k$，于是 $x<k, y<k$. 但满足这两个不等式的自然数组 x, y 的组数显然等于 $(k-1)^2$，于是只有有限多组.

但是对任意自然数 m，的确存在这样的一些自然数 k，使方程 $x^2-y^2=k$ 有不少于 m 组不同的自然数解 x, y.

例如，当 $k=2^{2m+2}$ 时，数 $x_i=2^{2m-i}+2^i, y_i=2^{2m-i}-2^i$ $(i=1,2,3,\cdots,m-1)$ 是自然数，并满足方程 $x^2-y^2=k$，而且数 $x_i(i=1,2,3,\cdots,m-1)$ 各不相同.

现在研究对怎样的自然数 k，方程 $x^2+y^2=k$ 有

14

自然数解.这一问题较为困难,我们不加证明地指出,当且仅当将自然数 k 除以最大的平方数所得的商没有除以 4 余 3 的约数时,方程 $x^2+y^2=k$ 至少有一组整数解 x,y.

因此,例如方程 $x^2+y^2=k$ 在当 $k=1,2,4,5,8,9,10$ 时有整数解,但当 $k=3,7$ 时就没有整数解.

当然对每一个整数 k,方程 $x^2+y^2=k$ 只有有限多组(大于或等于 0 组)整数解 x,y.

要确定对给定的自然数 k,方程 $x^2+y^2=k$ 至少有一组自然数解的充分必要条件就更困难了.这一条件首先是方程 $x^2+y^2=k$ 有整数解 x,y(对此也应满足上述条件),此外还要求 k 至少有一个除以 4 余 1 的质约数,或者整除数 k 的 2 的最高次幂为奇数.

例如,当 $k=2,5,8,10$ 时,这一方程有自然数解.但当 $k=1,3,4,6,7,9$ 时无自然数解.

由此可以推得,方程 $x^2+y^2=k^2$(这里 k 是自然数)有自然数解 x,y 的充要条件是数 k 至少有一个形如 $4t+1$ 的质约数(这里 t 是整数),这就是斜边为 k 的勾股三角形存在的充要条件.

可以证明方程
$$(x+y-2)(x+y-1)+2y=2k$$
对每一个自然数 k 有且只有一组自然数解 x,y.

如果方程 $f(x,y)=0$(这里 $f(x,y)$ 是整系数多项式)有整数解 x,y,那么显然对每一个自然数 m 都存在整数 x,y,使数 $f(x,y)$ 能被 m 整除.由此可知,如果存在自然数 m,无论哪一组 x,y(这里 $x=0,1,2,\cdots,m-1,y=0,1,2,\cdots,m-1$),$f(x,y)$ 都不能被 m

整除,那么方程 $f(x,y)=0$ 没有整数解.

例如,可以用检验的方法直接证明对自然数 n,方程

$$x^2+1-3y^n=0$$

没有整数解.取 $x=0,1,2$ 以及对任意整数 y,数 x^2+1-3y^n,或者说数 x^2+1 本身就不能被 3 整除(实际上,$0^2+1=1,1^2+1=2,2^2+1=5$).

但是并不是对每一个使方程 $f(x,y)=0$ 没有整数解 x,y 的整系数多项式都存在自然数 m,使它对任意整数组 $x,y,f(x,y)$ 都不能被 m 整除.

事实上,方程

$$(2x-1)(3y-1)=0$$

显然没有整数解 x,y.另外,如果 m 是自然数,那么易知 m 可以表示为 $m=2^{k-1}(2x-1)$ 的形式,这里 k 和 x 是自然数.数 $2^{2k+1}+1$ 能被 $2+1=3$ 整除,因此存在这样的自然数 y,使 $2^{2k+1}+1=3y$.这样,有 $(2x-1)(3y-1)=2^{k+2}m$.由此,显然数 $(2x-1)(3y-1)$ 能被 m 整除.

A. Шинцель 发现,对于每一个自然数 m,都存在数列 $0,1,2,\cdots,m-1$ 中的 x,使 $(2x-1)(3y-1)$ 能被 m 整除,尽管方程 $(2x-1)(3y-1)=0$ 没有整数解 x,y.

§5 方程 $x^2+x-2y^2=0$

现在我们证明方程 $x^2+x-2y^2=0$ 有无穷多组自然数解.

为证明此结论,只要注意到 $x=1,y=1$ 是这一方程的解,并且如果 (x,y) 是这一方程的解,那么 (u,v) (这里 $u=3x+4y+1,v=2x+3y+1$)也是它的解.因为我们有

$$u^2+u-2v^2=$$
$$(3x+4y+1)(3x+4y+2)-2(2x+3y+1)^2=$$
$$x^2+x-2y^2$$

假定 (x,y) 是方程

$$x^2+x-2y^2=0 \tag{11}$$

的自然数解,并且 $x>1$,于是由方程(11)推出 $y>1$.

现在我们来证明,这时有

$$3x-4y+1>0, \quad 3y-2x-1>0, \quad 2x-4y+1<0 \tag{12}$$

如果 $4y\geqslant3x+1$,那么有 $16y^2\geqslant9x^2+6x+1$.由方程(11)得,$16y^2=8x^2+8x$,所以 $2x\geqslant x^2+1$.得到 $(x-1)^2\leqslant0$,于是 $x=1$,这与假定矛盾,所以不等式(12)中的第一式得证.

如果 $3y\leqslant2x+1$,那么有 $9y^2\leqslant4x^2+4x+1$.由方程(11)得,$4x^2+4x=8y^2$,所以 $y^2\leqslant1$,也不可能,因为

$y>1$,所以不等式(12)中的第二式得证. 由此可直接推出不等式(12)中的第三式成立.

因此,在(x,y)是方程(11)的自然数解,并且在$x>1$这个条件下,不等式(12)成立.

现在设

$$\xi=3x-4y+1, \quad \eta=3y-2x-1 \qquad (13)$$

由不等式(12)可知 ξ 和 η 是自然数,并且 $\xi-x=2x-4y+1<0$,于是 $\xi<x$,注意到式(13)得等式

$$\xi^2+\xi-2\eta^2=$$
$$(3x-4y+1)(3x-4y+2)-2(3y-2x-1)^2=$$
$$x^2+x-2y^2$$

于是考虑到方程(11),就有 $\xi^2+\xi-2\eta^2=0$. 这就是说,数组(ξ,η)是方程(11)的解.

再设

$$g(x,y)=(3x-4y+1,3y-2x-1) \qquad (14)$$

即平面内坐标为 x,y 的每一点都与平面内坐标为 $3x-4y+1,3y-2x-1$ 的点相对应.

这样,如果(x,y)是方程(11)的自然数解,这里 $x>1$,那么$(\xi,\eta)=g(x,y)$也是方程(11)的自然数解 ξ,η,这里 $\xi<x$. 如果 $\xi>1$,那么同样从解(ξ,η)出发得到新的解$(\xi_1,\eta_1)=g(\xi,\eta)=g(g(x,y))=g_2(x,y)$,这里 ξ_1,η_1 是自然数,$\xi_1<\xi$. 依此类推. 引进记号 $g_{k+1}(x,y)=g(g_k(x,y))$. 因此我们就得到方程(11)的全部由递减的自然数组成解的序列 $g_1(x,y),g_2(x,y),g_3(x,y),\cdots$. 又因为大于1的递减自然数序列不可能是无限的,所以对某一个自然数 n,得到解

$(u,v)=g_n(x,y)$，这里 $u=1$，即得到解 $(u,v)=(1,1)$.

这样，如果 (x,y) 是方程(11)的任意自然数解，并且 $x>1$，那么存在自然数 n，使

$$g_n(x,y)=(1,1) \tag{15}$$

取

$$f(x,y)=(3x+4y+1,2x+3y+1) \tag{16}$$

容易验证

$$\begin{aligned}f(g(x,y))&=(3(3x-4y+1)+4(3y-2x-1)+1,\\ &\quad 2(3x-4y+1)+3(3y-2x-1)+1)\\ &=(x,y)\end{aligned}$$

由此，用数学归纳法容易得到

$$f_n(g_n(x,y))=(x,y)\quad(n=1,2,\cdots)$$

于是根据式(15)，得到

$$(x,y)=f_n(1,1)$$

另外，如果取

$$u=3x+4y+1,\quad v=2x+3y+1$$

那么我们已经看到

$$u^2+u-2v^2=x^2+x-2y^2$$

由此可得，如果 (x,y) 是方程 $x^2+x-2y^2=0$ 的自然数解，那么 $(u,v)=f(x,y)$ 也是方程 $x^2+x-2y^2=0$ 的自然数解(由式(16)可知，它们分别大于 x,y).

考虑到上面得到的结果，可得方程(11)的所有自然数解 x,y，并且只有方程(11)的自然数解才能包括在无穷序列

$$(1,1),f(1,1),ff(1,1),fff(1,1),\cdots$$

之中. 取

$$x_1 = y_1 = 1, \quad (x_n, y_n) = f^{n-1}(1,1) \quad (n=2,3,\cdots)$$

此时有

$$(x_{n+1}, y_{n+1}) = f(x_n, y_n) \quad (n=2,3,\cdots)$$

根据式(16)，我们有公式

$$\begin{aligned} x_{n+1} &= 3x_n + 4y_n + 1 \\ y_{n+1} &= 2x_n + 3y_n + 1 \end{aligned} \quad (n=1,2,3,\cdots) \quad (17)$$

这样就证明了方程(11)的所有自然数解都包括在无穷序列$\{x_n, y_n\}(n=1,2,3,\cdots)$之中，这里$x_1 = y_1 = 1$，并且当$n = 1,2,3,\cdots$时，公式(17)成立. 用这两个公式可以很容易将方程(11)的解逐个算出.

例如，当$n = 1$时，公式(17)给出

$$x_2 = 3+4+1 = 8, \quad y_2 = 2+3+1 = 6$$

当$n = 2$时

$$x_3 = 3 \times 8 + 4 \times 6 + 1 = 49$$
$$y_3 = 2 \times 8 + 3 \times 6 + 1 = 35$$

当$n = 3$时

$$x_4 = 3 \times 49 + 4 \times 35 + 1 = 288$$
$$y_4 = 2 \times 49 + 3 \times 35 + 1 = 204$$

等等.

数$\dfrac{n(n+1)}{2}$（这里n是自然数）称为第n个三角形数，用t_n表示.

方程(11)可写成以下形式：

$$t_x = y^2$$

于是上式就确定了既是平方数，同时又是三角形数的所有的数y^2.

上述公式可以不断求出所有具有这样性质的数.

20

以及由公式(17)推得的 $y_{n+2}=2x_{n+1}+3y_{n+1}+1$ 消去 x_n 和 x_{n+1}，我们就得到公式

$$y_{n+2}=6y_{n+1}-y_n \quad (n=1,2,\cdots)$$

已知 $y_1=1,y_2=6$，用这一公式就可逐个算出 y_n $(n=3,4,\cdots)$.

因此，所有既是平方数，又是三角形数的数可以看作是数列 $\{y_n\}(n=1,2,\cdots)$ 中的数的平方，这里

$$y_1=1, \quad y_2=6, \quad y_{n+2}=6y_{n+1}-y_n \quad (n=1,2,\cdots)$$

所以我们有

$$y_3=6\times6-1=35$$
$$y_4=6\times35-6=204$$
$$y_5=6\times204-35=1\ 189$$

等等. 因此，存在无穷多个既是平方数，又是三角形数的数. 但是既是大于 1 的三角形数，又是四次方数的自然数是不存在的，也就是说方程 $x^2+x-2y^4=0$ 没有大于 1 的自然数解. 但是这个方程有正有理数解. 例如 $x=\dfrac{32}{49},y=\dfrac{6}{7}$. 在 §15 中我们将证明这种形式的解有无穷多组.

现在来研究怎样的自然 x 和 y 数满足方程

$$x^2+x-y^2=0$$

众所周知，对自然数 x，数 x 和 $x+1$ 互质（即它们没有大于 1 的公约数. 如果它们有大于 1 的公约数，那么这个公约数应该整除它们的差 1，这是不可能的）. 如果存在自然数 x 和 y，使 $x^2+x-y^2=0$，那么我们有 $x(x+1)=y^2$. 完全平方数 y^2 是两个互质的数 x 和 $x+1$ 的积. 但由算术可知，这两个因数都是自然数的

平方,因此就存在自然数 k 和 l,使
$$x=k^2, \quad x+1=l^2$$
所以
$$1=l^2-k^2=(l+k)(l-k)$$
这对自然数 k 和 l 是不可能的(因为右边第一个因数大于或等于 2).

这样,假定方程 $x^2+x-y^2=0$ 有自然数解就推出矛盾.所以,这个方程没有自然数解.换句话说,两个连续自然数的积不可能是自然数的平方.

但是我们发现方程 $x^2+x-y^2=0$ 有正有理数解.例如,$x=\dfrac{1}{3}$,$y=\dfrac{2}{3}$,或 $x=\dfrac{1}{8}$,$y=\dfrac{3}{8}$.

同样,容易证明对自然数 $m>1$,方程 $x^2+x-y^m=0$ 没有自然数解 x,y.

§6 方程 $x^2+x+1=3y^2$

现在我们来研究方程 $x^2+x+1=3y^2$. 这个方程有它自己的历史. 1950 年 P. Облат 提出了这样的一个假设, 说除解 $x=y=1$ 以外, 它不再有其他的自然数解 x,y(这里 x 是奇数). 同年, T. Нагель 就指出 $x=313,y=181$ 是这一方程的解. 用类似于对上一节方程 $x^2+x-2y^2=0$ 的处理方法可以确定方程

$$x^2+x+1=3y^2 \qquad (18)$$

的所有的自然数解 x,y.

假定 (x,y) 是方程(18)的自然数解, 并且 $x>1$. 容易验证, 当 $x=2,3,4,5,6,7,8,9$ 时, 方程(18)无自然数解 x,y, 因此应该有 $x \geqslant 10$.

现在证明

$$12y<7x+3, \quad 7y>4x+2, \quad 4y>2x+1 \quad (19)$$

如果 $12y \geqslant 7x+3$, 我们有 $144y^2 \geqslant 49x^2+42x+9$. 由方程(18), 得 $144y^2=48x^2+48x+48$, 则 $x^2 \leqslant 6x+39$, 所以 $(x-3)^2 \leqslant 48$. 考虑到 $x \geqslant 10$, 得 $7^2 \leqslant 48$, 这是不可能的, 因此不等式(19)的第一式得证.

如果 $7y \leqslant 4x+2$, 我们有 $49y^2 \leqslant 16x^2+16x+4$. 由方程(18), 得 $16x^2+16x+16=48y^2$, 则 $49y^2 \leqslant 48y^2-12$, 这也是不可能的. 因此不等式(19)的第二式得证. 由此可直接推出不等式(19)的第三式. 这样, 不

23

等式(19)中的不等式都成立.

现在设

$$\xi = 7x - 12y + 3, \quad \eta = -4x + 7y - 2 \qquad (20)$$

由不等式(19),得 $\xi > 0, \eta > 0$,以及

$$x - \xi = 3(4y - 2x - 1) > 0$$

即 $\xi < x$. 由式(20),得

$$\xi^2 + \xi + 1 - 3\eta^2 =$$
$$(7x - 12y + 3)(7x - 12y + 4) + 1 - 3(-4x + 7y - 2)^2 =$$
$$x^2 + x + 1 - 3y^2$$

根据方程(18),得

$$\xi^2 + \xi + 1 = 3\eta^2$$

取

$$g(x, y) = (7x - 12y + 3, -4x + 7y - 2)$$

这样可以说,从方程(18)的任意自然数解 (x, y) (这里 $x > 1$),可以得到方程(18)的新的自然数解 ξ, η, $(\xi, \eta) = g(x, y)$,这里 $\xi < x$(即较小的自然数解). 由此,利用上述方法可以得出对于方程(18)的每一组自然数解 $x, y(x > 1)$,总存在自然数 n,使 $g_n(x, y) = (1, 1)$.

取

$$f(x, y) = (7x + 12y + 3, 4x + 7y + 2) \qquad (21)$$

容易得到

$$f(g(x, y)) = (x, y)$$

于是

$$(x, y) = f_n(1, 1)$$

另外,容易验证,如果 (x, y) 是方程(18)的自然数

24

解,那么 $f(x,y)$ 也是方程(18)的自然数解(分别要大于 x 和 y). 取

$$x_1=y_1=1,\quad (x_n,y_n)=f_{n-1}(1,1)\quad (n=2,3,\cdots)$$

就得到序列 $\{x_n,y_n\},n=1,2,3,\cdots$. 这一序列包括了方程(18)的所有自然数解,并且只包括这些解.

这里我们有

$$(x_{n+1},y_{n+1})=f_n(1,1)=f(x_n,y_n)$$

于是由式(21),可以得到确定方程(18)的所有自然数解的公式

$$x_{n+1}=7x_n+12y_n+3$$
$$y_{n+1}=4x_n+7y_n+2\quad (n=1,2,3,\cdots)\qquad (22)$$

这就是可以逐个确定方程(18)的所有自然数解 (x,y) 的公式,用这种方法容易得到解

$$(1,1),(22,13),(313,181),(4\ 366,2\ 521),$$
$$(60\ 817,35\ 113),\cdots$$

显然这种解有无穷多组.

从等式 $x_1=y_1=1$ 和式(22),用数学归纳法容易证明,下标是奇数的 x_n 是奇数,下标是偶数的 x_n 是偶数,而 $y_n(n=1,2,3,\cdots)$ 总是奇数. 为了得到方程(18)的所有整数解 x,y,不难证明,只要把已经得到的解 (x_n,y_n) 添加 $(x_n,-y_n),(-x_n-1,\pm y_n)(n=1,2,3,\cdots)$ 即可.

这样一来,我们就还有这样一些解,例如

$$(-2,1),(-23,13),(-314,181),\cdots$$

A. Роткевич 指出,从方程(18)的所有自然数解 $x>1$ 和 y 可以得到方程

$$(z+1)^3 - z^3 = y^2 \qquad (23)$$

的所有自然数解 z, y.

事实上,假定自然数 z, y 满足方程(23),设 $x = 3z+1$. 容易验证,我们就得到满足方程(18)的自然数 $x>1$ 和 y.

另外,如果自然数 $x>1$ 和 y 满足方程(18),那么容易验证 $(x-1)^2 = 3(y^2-x)$. 由此可得,自然数 $x-1$ 能被 3 整除,所以 $x-1=3z$,这里 z 是自然数,并且等式 $3z^2 = y^2 - x = y^2 - 3z - 1$ 成立,这就证明了数 z 和 y 满足方程(23).

因此,从方程(18)的解

$$(22,13), (313,181), (4\ 366,2\ 521)$$

可得到方程(23)的解

$$(7,13), (104,181), (1\ 455,2\ 521)$$

我们还要指出,如果自然数 z, y 满足方程(23),那么可以证明 y 是两个连续自然数的平方和,例如

$$13 = 2^2 + 3^2, \quad 181 = 9^2 + 10^2, \quad 2\ 521 = 35^2 + 36^2$$

用与前面对方程(18)的类似的方法处理,还可以求出方程

$$x^2 + (x+1)^2 = y^2 \qquad (24)$$

的所有自然数解 x, y. 当 $x>3$ 时,取

$$g(x,y) = (3x-2y+1, 3y-4x-2)$$

当 $x \geqslant 1$ 时

$$f(x,y) = (3x+2y+1, 4x+3y+2)$$

这就推出了公式 $(x,y) = f_n(3,5)$,以及以下结论:方程(24)的所有自然数解 x, y 都包括在序列 $\{x_n, y_n\}$ 中

$(n=1,2,3,\cdots)$，这里 $x_1=3,y_1=5$，而

$$x_{n+1}=3x_n+2y_n+1$$
$$y_{n+1}=4x_n+3y_n+2 \quad (n=1,2,3,\cdots)$$

例如，我们有

$$x_2=3\times3+2\times5+1=20, \quad y_2=4\times3+3\times5+2=29$$
$$x_3=119, \quad y_3=169$$
$$x_4=696, \quad y_4=985$$
$$x_5=4\ 059, \quad y_5=5\ 741$$

上面研究的方程的几何意义是它给出了两直角边为连续自然数的所有勾股三角形（即三边都是自然数的三角形）．这种三角形有无穷多个①．

可以证明方程

$$x^2+(x+1)^2=y^3$$

就没有自然数解 x,y，但

$$119^2+120^2=13^4$$

并且可以证明这是方程

$$x^2+(x+1)^2=y^4$$

的唯一的自然数解．

――――――――――――

① 关于方程（24）的详细讨论，见谢尔品斯基的《Pythagoras 三角形》．

§7 方程 $x^2 - Dy^2 = 1$

现在我们来求方程

$$x^2 - 2y^2 = 1 \qquad (25)$$

的所有自然数解 x, y.

这里当 $x > 3$ 时,取 $g(x, y) = (3x - 4y, 3y - 2x)$,而对自然数 x 和 y 取 $f(x, y) = (3x + 4y, 2x + 3y)$,这就可以推得公式 $(x, y) = f_n(x, y)$ 以及以下定理.

方程(25)的所有自然数解 x, y 都包括在序列 $\{x_n, y_n\}$ 中,这里 $n = 1, 2, 3, \cdots$. $x_1 = 3, y_1 = 2$. 而

$$x_{n+1} = 3x_n + 4y_n, \quad y_{n+1} = 2x_n + 3y_n \quad (n = 1, 2, 3, \cdots)$$

例如

$$x_2 = 17, \ y_2 = 12; \ x_3 = 99, \ y_3 = 70; \ x_4 = 577, \ y_4 = 408$$

现在我们转向一般方程

$$x^2 - Dy^2 = 1 \qquad (26)$$

这里 D 是已知整数. 如果 $D = 0$,那么方程(26)的所有整数解是:$x = \pm 1, y$ 为任意整数. 如果 $D = -1$,那么方程(26)有四组整数解:$x = \pm 1, y = 0$ 或 $x = 0, y = \pm 1$. 如果 $D < -1$,那么容易看出方程(26)只有两组整数解:$x = \pm 1, y = 0$. 因此,后面我们假定 D 是自然数.

如果 D 是自然数的平方,$D = n^2$,那么方程(26)可以改写为以下形式

$$(x - ny)(x + ny) = 1$$

28

因此,数 $x+ny$ 是 1 的约数. 由此可见, x 和 y 不可能都是自然数. 容易推得,在 $D=n^2$ 的情况下,方程(26)只有两组整数解: $x=\pm 1, y=0$.

这样,留下的自然数 D 不是自然数的平方的情况,或者说 $\sqrt{D}$ 是无理数的情况.

现在提出这样的问题:方程(26)除了平凡解 $x=\pm 1, y=0$ 外是否还有其他的整数解 x, y,或者说方程(26)是否还有自然数解. 如果有的话,那么显然存在这样的最小的自然数解 x_1, y_1.

容易证明,如果方程(26)有自然数解 x, y(哪怕是一组),那么它将有无穷多组这样的解. 因为如果自然数 x, y 满足方程(26),那么数

$$u = x^2 + Dy^2 \text{ 和 } v = 2xy$$

也是自然数,由于恒等式

$$(x^2 + Dy^2)^2 - D(2xy)^2 = (x^2 - Dy^2)^2$$

和方程(26),所以 u, v 也满足同一方程.

利用我们在前面 $D=2$ 时使用的方法,可以证明方程(26)的所有自然数解都包括在无穷序列 $\{x_n, y_n\}$ 中 $(n=1,2,\cdots)$,这里 x_1, y_1 是方程(26)的最小自然数解. 而

$$x_{n+1} = x_1 x_n + D y_1 y_n$$
$$y_{n+1} = y_1 x_n + x_1 y_n \quad (n=1,2,\cdots)$$

为了证明这一点,当 $x > x_1$ 时,应取

$$g(x, y) = (x_1 x - D y_1 y, -y_1 x + x_1 y)$$

当 x, y 为自然数时,取

$$f(x, y) = (x_1 x + D y_1 y, y_1 x + x_1 y)$$

可以证明,如果 $\sqrt{D}$ 是无理数,那么方程(26)存在自然数解.但怎样去找这样的解呢? 这个问题可绝不简单.原来,为了求方程(26)的自然数解 x,y 或者说最小自然数解,只要逐个取自然数代替 y 尝试,算出数 Dy^2+1 是不是自然数的平方.如果 y 是使 Dy^2+1 是自然数的平方的最小自然数,那么 (x,y) 将是方程(26)的最小自然数解.用这样的方法,对于 $D=2,3,5,6,7,8,10,11,12$ 时,方程(26)的最小自然数解分别是 $(3,2),(2,1),(9,4),(5,2),(8,3),(3,1),(19,6),(10,3),(7,2)$.

但是用这种方法求 $D=13$ 时,方程(26)的解就较困难了.因为这样的一组解是 $(649,180)$,当 $D=29$ 时,这样的一组解是 $(9\,801,1\,820)$.当 $D=991$ 时,要求出方程(26)的最小自然数解仍然用这种方法就完全不中用了,因为这时

$x=379\,516\,400\,906\,811\,930\,638\,014\,896\,080$

$y=12\,055\,735\,790\,331\,359\,447\,442\,538\,767$

究竟用什么方法才能求出这样大的数呢?

现在我将提出一个在 $\sqrt{D}$ 是无理数时,永远能得到方程(26)的最小自然数解的方法[①].

设 a_0 是小于 $\sqrt{D}$ 的最大整数,这里有 $a_0 \geqslant 1$,由数 a_0 的定义以及 $\sqrt{D}$ 是无理数,有 $a_0 < \sqrt{D} < a_0+1$. 取

---

① 这一问题的理论见 A. O. Гельфанд 的《Решение уравнений в целых числах》.

$\sqrt{D} = a_0 + \dfrac{1}{x_1}$；此时（由于 $\sqrt{D}$ 是无理数），数 x_1 也是无理数，$0 < \dfrac{1}{x_1} < 1$，即 $x_1 > 1$. 设 a_1 是小于 x_1 的最大整数. 设 $x_1 = a_1 + \dfrac{1}{x_2}$. 同上处理，得到 $x_2 > 1$. 可将 x_2 如 x_1 一样处理. 继续这样的过程，我们就得到一系列等式：

$$\sqrt{D} = a_0 + \frac{1}{x_1}, \quad x_1 = a_1 + \frac{1}{x_2}, \quad x_2 = a_2 + \frac{1}{x_3}, \cdots$$

这里 $a_0, a_1, a_2, \cdots$ 是自然数，$x_1, x_2, x_3, \cdots$ 是大于 1 的无理数.

就这样，可以证明（对每一个使 $\sqrt{D}$ 是无理数的自然数 D），存在与 D 有关的最小自然数 s，使 $x_{s+1} = x_1$.

如果 s 是偶数，那么取数

$$a_0 + \frac{1|}{|a_1} + \frac{1|}{|a_2} + \cdots + \frac{1|}{|a_{s-1}}$$

或数

$$a_0 + \cfrac{1}{a_1 + \cfrac{1}{a_2 + \cfrac{\ }{\ddots + \cfrac{1}{a_{s-2} + \cfrac{1}{a_{s-1}}}}}}$$

所表示的值的既约分数的分子 x 和分母 y 就给出方程(26)的最小自然数解.

如果 s 是奇数，那么应取数

$$a_0 + \frac{1|}{|a_1} + \frac{1|}{|a_2} + \cdots + \frac{1|}{|a_{s-1}} + \frac{1|}{|a_s} + \frac{1|}{|a_1} +$$

$$\frac{1|}{|a_2}+\cdots+\frac{1|}{|a_{2s-1}} \quad ①$$

所表示的值的既约分数的分子和分母. 这里容易证明 $a_{s+i}=a_i(i=1,2,\cdots)$.

现在用这个方法求 $D=13$ 时方程(26)的最小自然数解.

小于 $\sqrt{13}$ 的最大自然数是 3,所以令 $\sqrt{13}=3+\dfrac{1}{x_1}$,由此得

$$x_1=\frac{1}{\sqrt{13}-3}=\frac{\sqrt{13}+3}{4}$$

容易看出小于 x_1 的最大自然数是 1,所以取

$$x_1=1+\frac{1}{x_2}$$

由此得

$$x_2=\frac{4}{\sqrt{13}-1}=\frac{\sqrt{13}+1}{3}$$

更有

$$x_2=1+\frac{1}{x_3}$$

$$x_3=\frac{3}{\sqrt{13}-2}=\frac{\sqrt{13}+2}{3}=1+\frac{1}{x_4}$$

$$x_4=\frac{3}{\sqrt{13}-1}=\frac{\sqrt{13}+1}{4}=1+\frac{1}{x_5}$$

$$x_5=3+\sqrt{13}=6+\frac{1}{x_6}$$

---

① 这个定理的证明可参见:А. З. Вальфиш 的《Уравнние Пелля》.

$$x_6 = \frac{1}{\sqrt{13} - 3} = x_1$$

因此这里有 $s = 5$. 因为这里的 s 是奇数,所以由上所述,为了得到方程 $x^2 - 13y^2 = 1$ 的最小自然数解,应该算出数

$$3 + \frac{1|}{|1} + \frac{1|}{|1} + \frac{1|}{|1} + \frac{1|}{|1} + \frac{1|}{|6} + \frac{1|}{|1} + \frac{1|}{|1} + \frac{1|}{|1} + \frac{1|}{|1}$$

的既约分数的分子和分母. 容易求出,这个数等于既约分数 $\dfrac{649}{180}$. 于是数 $x = 649$ 和 $y = 180$ 就给出方程 $x^2 - 13y^2 = 1$ 的最小自然数解.

当 $D = 991$ 时,$s = 60$(由于 60 是偶数),我们就应该求数

$$a_0 + \frac{1|}{|a_1} + \frac{1|}{|a_2} + \cdots + \frac{1|}{|a_{59}}$$

的既约分数,这里 $a_0 = 31$,数 $a_1, a_2, a_3, \cdots, a_{59}$ 分别是 2,12,10,2,2,2,1,1,2,6,1,1,1,1,3,1,8,4,1,2,1,2, 3,1,4,1,20,6,4,31,4,6,20,1,4,1,3,2,1,2,1,4,8, 1,3,1,1,1,1,6,2,1,1,2,2,2,10,12,2. 这里的计算很长,但无论如何是可以用这种方法找到方程 $x^2 - 991y^2 = 1$ 的最小自然数解的.

还有一些二元二次方程也可以归结为方程(26)的形式. 例如方程

$$3u^2 - 2v^2 = 1$$

取 $x = 3u - 2v$,$y = u - v$,得 $x^2 - 6y^2 = 3u^2 - 2v^2 = 1$. 另外,如果 x 和 y 是满足方程 $x^2 - 6y^2 = 1$ 的整数,那么取 $u = x + 2y$,$v = x + 3y$ 后,得 $3u^2 - 2v^2 = x^2 - 6y^2 = 1$.

因此研究方程 $3u^2-2v^2=1$ 的整数解可归结为研究 $D=6$ 时,方程(26)的整数解.

研究方程
$$(v-1)^2+v^2+(v+1)^2=z^2+(z+1)^2 \quad (27)$$
也归结为方程 $3u^2-2v^2=1$.

实际上,如果整数 v 和 z 满足方程(27),那么有
$$6v^2+3=(2z+1)^2$$
由此可得数 $2z+1$ 能被 3 整除,设 $2z+1=3u$,这里 u 是整数,即 $3u^2-2v^2=1$.

另外,如果整数 u 和 v 满足上述方程,那么 u 是奇数,同样 $3u$ 也应是奇数,可设 $3u=2z+1$,z 是整数,由此可得 $(2z+1)^2=9u^2=3(2v^2+1)=6v^2+3$,即 v 和 z 满足方程(27).

这样,我们就能求出方程(27)的所有整数解. 这个方程的最小自然数解是 $v=11,z=13$,它给出等式
$$10^2+11^2+12^2=13^2+14^2$$

以下一组解是 $v=109,z=133$,它给出等式
$$108^2+109^2+110^2=133^2+134^2$$

容易证明,如果数 v 和 z 给出方程(27)的解,那么数 $5v+4z+2$ 和 $6v+5z+2$ 也给出方程(27)的解.

§8 两个以上未知数的二次方程

现在我们转向两个以上未知数的二次方程.

首先方程

$$x^2 + y^2 = z^2 \qquad (28)$$

是我们最感兴趣的. 满足上述方程的自然数 x, y, z 组成所谓的勾股三角形. 因为勾股三角形有专书进行详细的研究[①],所以我们在此只限于由公式

$$x = (m^2 - n^2)l, \quad y = 2mnl, \quad z = (m^2 + n^2)l$$

得到的方程(28)的所有自然数解,这里 m, n, l 是自然数,$n < m$,并且交换 x 和 y 的解也包括在内.

也能求出方程

$$x^2 + y^2 = 2z^2$$

的所有自然数解. 这个方程的解容易归结为形如(28)的方程.

事实上,如果整数 x 和 y 满足方程 $x^2 + y^2 = 2z^2$,那么 x 和 y 应该同时是奇数或同时是偶数. 所以 $x + y$ 和 $x - y$ 都是偶数. 设 $x + y = 2u, x - y = 2v$,此时

$$4(u^2 + v^2) = (x + y)^2 + (x - y)^2 = 2(x^2 + y^2) = 4z^2$$

于是 $u^2 + v^2 = z^2$.

---

① 见《Пифагоровы треугольники》(毕达哥拉斯三角形).

另外,如果 $u^2+v^2=z^2$,那么取 $x=u+v$,$y=u-v$,得 $x^2+y^2=2z^2$.

但方程 $u^2+v^2=3z^2$ 却无非零的整数解;这很容易验证,因为不能被 3 整除的整数的平方除以 3 余 1.

方程

$$ax^2+y^2=z^2$$

就是方程(28)的推广,这里 a 是任意已知的自然数.容易证明它有无穷多组自然数解,并且 x 和 y 互质.

事实上,如果 a 是奇数,那么取

$$x=m, \quad y=\frac{am^2-1}{2}, \quad z=\frac{am^2+1}{2}$$

这里 m 是任意奇自然数.容易验证,它有 $ax^2+y^2=z^2$.这里数 x,y,z 是自然数,并且 x 和 y 互质,因为从方程 $ax^2+y^2=z^2$ 可推出它们的最大公约数也是 $z-y=1$ 的约数.

如果 a 是偶数,那么取

$$x=2m, \quad y=am^2-1, \quad z=am^2+1$$

这里 m 是任意自然数,我们就得自然数 x,y,z,使 $ax^2+y^2=z^2$,并且 y 和 z 都是奇数.因为数 y 和 z 的每一个约数都是 $z-y=2$ 的约数,而且又是奇数,所以是 1 的约数.由此可知,数 y,z 互质,于是 x 和 y 也互质.

方程

$$x^2+y^2=z^2+1$$

有无穷多组自然数解.因为它可从恒等式

$$(n^2+n-1)^2+(2n+1)^2=(n^2+n+1)^2+1$$

($n=1,2,3,\cdots$)直接推出.例如

$$5^2+5^2=7^2+1, \quad 11^2+7^2=13^2+1, \quad 19^2+9^2=21^2+1$$

还有恒等式

$$[2n(4n+1)]^2+(16n^3-1)^2=(16n^3+2n)^2+1$$

例如,可以得到

$$10^2+15^2=18^2+1, \quad 36^2+127^2=132^2+1$$

等等.

求两个或两个以上的未知数的二次方程组成的方程组的自然数解的问题是一个比较困难的问题.例如,方程组

$$x^2+y^2=z^2, \quad x^2-y^2=t^2$$

没有自然数解 x,y,z,t,这一定理的证明就非常困难.

已经知道方程组

$$x(x+1)+y(y+1)=z(z+1)$$

$$x(x+1)-y(y+1)=t(t+1)$$

有自然数解 x,y,z,t. 例如 $x=6,y=5,z=8,t=3$ 或 $x=44,y=39,z=59,t=20$. 但在不久前,Ю. Бровкин 成功地证明了它有无穷多组自然数解.换句话说,有无穷多对三角形数,它们的和与差都是三角形数. Ю. Бровкин 还给出了寻求所有这样的数对的方法[①]. 对于 $y<x\leqslant 100,\dfrac{x(x+1)}{2}$ 和 $\dfrac{y(y+1)}{2}$ 这样的数对只有 $(x,y)=(6,5),(18,14),(37,27),(44,39),(86,65),(91,54)$.

现在已经证明方程组

$$x^2+y^2=t^2, \quad x^2+z^2=u^2, \quad y^2+z^2=v^2$$

---

① J. Browkin. Wladomosci Matematyczne T. 2. p. 233-255. 1959. 也可见谢尔品斯基的 *Teoria liczb* T. 2. p. 134-135. 华沙. 1959.

有无穷多组自然数解 x,y,z,t,u,v（例如 $x=44,y=117,z=240,t=125,u=244,v=267$）.但还不知道方程组

$$x^2+y^2=t^2,x^2+z^2=u^2,y^2+z^2=v^2,x^2+y^2+z^2=w^2$$

是否有自然数解 x,y,z,t,u,v,w.也就是说,还不知道是否存在这样的长方体,它的各条棱长,各个面上的对角线长,体对角线长都能用自然数表示.

我们不知道方程组

$$x^2+y^2=z^2,\quad (x+t)^2+y^2=u^2$$
$$x^2+(y+t)^2=v^2,\quad (x+t)^2+(y+t)^2=w^2$$

是否有整数解 x,y,z,t,u,v,w,这里 $t\neq 0$.这一问题的几何解释是平面内有一个边长为 1 的正方形,能否在平面内找到一点,使这一点到该正方形的四个顶点的距离都是有理数.这一问题是由 Γ. Штейнгауз 在不久前提出的.

现在再举一些两个以上未知数的二次方程的例子.

我们来确定方程

$$xy=zt \tag{29}$$

的所有自然数解 x,y,z,t.

假定自然数 x,y,z,t 满足方程(29).我们用 a 表示 x 和 z 的最大公约数,这时有 $x=ac,z=ad$,这里 c 和 d 是互质的自然数,所以 $acy=adt$,即 $cy=dt$.因为 c 和 d 互质,所以根据所谓的算术基本定理,从这一等式推出数 y 应该能被 d 整除.于是 $y=bd$,这里 b 是自然数.由此得 $cdb=dt$,即 $t=bc$.

另外,如果 a,b,c,d 是自然数,并且 $x=ac,y=$

38

$bd,z=ad,t=bc$,那么 $xy=zt$.

这样,我们就证明了方程(29)的所有自然数解 x,y,z,t 都包括在公式

$$x=ac, \quad y=bd, \quad z=ad, \quad t=bc$$

中,这里 a,b,c,d 是任意自然数,并且可以假定 c 和 d 互质.

这里我们有四个所谓的任意参数 a,b,c,d. 但是方程(29)的所有自然数解只可以用三个任意参数,即用以下公式

$$y=\frac{uz}{d}, \quad t=\frac{ux}{d}$$

得到,这里 x,z,u 是任意自然数,d 是 x 和 z 的最大公约数.

方程

$$xy=t^2$$

的所有自然数解可由公式

$$x=a^2c, \quad y=b^2c, \quad t=abc$$

得到,这里 a,b,c 是任意自然数,并且可以假定 a 和 b 互质.

方程

$$x^2-Dy^2=z^2$$

对每一个整数 D 都有无穷多组自然数解 x,y,z. 这可由恒等式

$$(m^2+Dn^2)^2-D(2mn)^2=(m^2-Dn^2)^2$$

推得.

有时还很容易求出某些三元三次方程的所有自然数解,并且方法比类似的二元二次方程还容易. 例如方

39

程
$$(x+y+z)^3 = x^3+y^3+z^3$$
的所有整数解很容易求出.

事实上,根据恒等式
$$(x+y+z)^3-(x^3+y^3+z^3) = 3(x+y)(y+z)(z+x)$$
可知,它与方程
$$(x+y)(y+z)(z+x) = 0$$
等价. 由此可知,如果我们先任意取这三个数中的两个,再取这两个数中的任意一个的相反数作为第三个数,就得到它的所有解(例如取 x 和 y 为任意整数, $z=-x$).

求方程
$$(x+y+z)^2 = x^2+y^2+z^2$$
的所有整数解比较困难. 容易看出,它等价于方程
$$xy+yz+zx = 0$$
可以证明这一方程的整数解包括在公式
$$x=k(m+n)m, \quad y=k(m+n)n, \quad z=-kmn$$
中,这里 k,m 和 n 是任意整数.

容易求出方程组
$$x+y+z=t, \quad x^2+y^2+z^2=t^2, \quad x^3+y^3+z^3=t^3$$
的所有整数解 x,y,z,t. 事实上,由这些方程可推出
$$xy+yz+zx = 0, \quad (x+y)(y+z)(z+x) = 0$$
因此,数 $x+y,y+z$ 和 $z+x$ 中至少有一个为零. 如果 $x+y=0$,那么由 $xy+yz+zx=0$ 得 $xy=0$,因为 $y=-x$,所以 $x=y=0$. 由此可知,x,y,z 中应该有两个等于零,而第三个等于 t,这里 t 是任意整数. 因此该方程组除了上述解以外没有其他整数解.

有趣的是,有时简单的方程组有正整数解,但是很大,也很难求.例如含有五个未知数 x,y,z,t,u 的方程组

$$xy+yz+zx=t^2 , \quad xyz=u^3$$

有正整数解,但是我们得到的最小的正整数解已经是

$$x=1\ 633\ 780\ 814\ 400$$
$$y=252\ 782\ 198\ 228$$
$$z=3\ 474\ 741\ 085\ 973^{①}$$

① 见 В. Литцман 的《Великаны и карлики в мере чисел》,52 页,Физматгиз,1959.

§9 方程组 $x^2+ky^2=z^2$, $x^2-ky^2=t^2$

设给定关于未知数 x,y,z,t 的方程组

$$x^2+ky^2=z^2, \quad x^2-ky^2=t^2 \tag{30}$$

且 k 是大于 1，但不能被大于 1 的自然数的平方整除的给定的自然数. 我们将证明如果方程组(30)有自然数解 x,y,z,t，那么它一定有无穷多组自然数解 x,y,z,t，并且 x 和 y 互质.

假定自然数 x,y,z,t 满足方程组(30). 如果 x,y 有最大公约数 $d>1$，那么有 $x=dx_1,y=dy_1$，这里 x_1 和 y_1 是互质的自然数. 由(30)，我们有

$$z^2=d^2(x_1^2+ky_1^2), \quad t^2=d^2(x_1^2-ky_1^2)$$

由此可得，z^2 和 t^2 能被 d^2 整除，于是 z 和 t 都能被 d 整除，即 $z=dz_1,t=dt_1$，这里 z_1 和 t_1 是自然数. 所以可得

$$x_1^2+ky_1^2=z_1^2, \quad x_1^2-ky_1^2=t_1^2$$

这就是说，方程组(30)有自然数解 x_1,y_1,z_1,t_1，并且 x_1 和 y_1 互质.

假定 x_1 和 y_1 都是奇数. 如果 k 是除以 4 余 1 的奇数，那么考虑到奇数的平方除以 4 余 1，可知数 $x_1^2+ky_1^2$ 除以 4 余 2，所以不可能是数 z_1 的平方. 如果 k 是

42

除以 4 余 3 的奇数,那么容易看出数 $x_1^2-ky_1^2$ 除以 4 余 2,也不可能是数 t_1 的平方.

如果 k 是偶数,那么根据假定可知数 k 不能被 $4=2^2$ 整除,于是 k 除以 4 余 2.在 x_1 和 y_1 都是奇数的情况下,数 $x_1^2+ky_1^2$ 除以 4 余 3,这是不可能的,因为它是数 z_1 的平方.

这样我们就证明了如果方程组(30)有自然数解 x, y, z, t,那么它也有自然数解 x_1, y_1, z_1, t_1,这里 x_1, y_1 互质,并且一奇一偶.

现在假定 (x, y, z, t) 是方程组(30)的自然数解,并且 x 和 y 互质,一奇一偶.取

$$X=x^4+k^2y^4, \quad Y=2xyzt$$
$$Z=x^4+2kx^2y^2-k^2y^4, \quad T=|\,x^4-2kx^2y^2-k^2y^4\,| \tag{31}$$

容易验证恒等式

$$(x^4+k^2y^4)^2\pm 4kx^2y^2(x^4-k^2y^4)=$$
$$(x^4\pm 2kx^2y^2-k^2y^4)^2$$

由方程组(30)和公式(31),立即可得

$$X^2+kY^2=Z^2, \quad X^2-kY^2=T^2 \tag{32}$$

这就证明了数 X, Y, Z, T 满足方程组(30).

由公式(31)可得 X 和 Y 是自然数.由公式(31)和方程组(30)可知,$Z=z^2t^2+2kx^2y^2$,于是 Z 也是自然数.要证明 T 是自然数,只要证明 $T\neq 0$.如果 $T=0$,那么根据方程组(32),我们有 $X^2=kY^2$.由此,考虑到数 k 不能被大于 1 的自然数的平方整除,所以 $k=1$,这与假定 $k>1$ 矛盾,所以 X, Y, Z, T 是自然数.

现在证明 X 和 Y 互质.

假定数 X 和 Y 有公约数质数 p. 现在证明 p 不可能是 k 的约数, 也不是 2. 如果 p 是 k 的约数, 那么因为 p 是 $X = x^4 + k^2 y^4$ 的约数, 所以也是 x 的约数, 于是根据方程组 (30), 它也应该是数 z 的约数, 并且数 $k y^2 = z^2 - x^2$ 能被 p^2 整除, 因为数 k 没有大于 1 的数的平方的约数, 所以 p 应该是数 y 的约数, 这是不可能的, 因为 x 和 y 互质.

因此, 数 p 不是 k 的约数, 于是当 k 是偶数时, 它不可能是 2. 如果 k 是奇数, 那么注意到 x 和 y 一奇一偶, 由等式 $X = x^4 + k^2 y^4$ 可知数 X 是奇数.

如果 p 是 x 的约数, 那么考虑到 $k^2 y^4 = X - x^4$, 由 p 是 X 的约数, 可知 p 是数 $k^2 y^4$ 的约数. 因为 p 不是 k^2 的约数, 所以 p 是 y 的约数, 而这是不可能的, 因为 x 和 y 互质. 因此, p 不是 x 的约数, 同时 p 也不是 y 的约数, 这是因为 $x^4 = X - k^2 y^4$. 又因为 p 是 X 的约数, 所以 p 不是 x 的约数. 但 p 是 $Y = 2xyzt$ 的约数; 因为 $p \neq 2$, 并且不是 x 的约数, 也不是 y 的约数, 所以 p 应该是 z 或 t 的约数. 因此在分别取 "+" 或 "-" 时, p 是数 $x^2 \pm k y^2$ 的约数, 也是数 $(x^2 \pm k y^2)^2 = x^4 + k^2 y^4 \pm 2k x^2 y^2$ 的约数. 因为数 $X = x^4 + k^2 y^4$ 的约数 p 应该是 $2k x^2 y^2$ 的约数. 又因为 p 不是 $2, k, x, y$ 中任意一个的约数, 所以这也不可能. 这样我们就证明了数 X 与 Y 互质. 显然这里有不等式: $X > x, Y > y$.

这样, 我们就证明了如果数 x 和 y 互质, 一奇一偶, 并且自然数 x, y, z, t 满足方程组 (30), 那么由公式

(31)确定了 X, Y, Z, T 以后,就能得到满足方程组 $X^2 + kY^2 = Z^2$, $X^2 - kY^2 = T^2$ 的自然数,这里数 X 和 Y 互质,Y 为偶数,并且 $X > x$,$Y > y$.

同时也证明了,如果方程组(30)有自然数解 x, y, z, t,那么它就有无穷多组自然数解 x, y, z, t,并且 x 和 y 互质.

下面是对 k 的一些值,方程组(30)的解如下:

k	x	y	z	t
5	41	12	49	31
6	5	2	7	1
7	337	120	463	113
13	106 921	19 380	127 729	80 929
15	17	4	23	7
30	13	2	17	7

现在我们对方程组(30)的每一组自然数解 x, y, z, t(这里 x 和 y 互质),设 $\dfrac{x}{y} = r$,r 是由既约分数 $\dfrac{x}{y}$ 表示的有理数.显然,方程组(30)的不同的自然数解 x, y, z, t(这里 x 和 y 互质)相应于不同的数 r.由(30)得

$$r^2 + k = \left(\frac{z}{y}\right)^2, \quad r^2 - k = \left(\frac{t}{y}\right)^2$$

于是 $r^2 + k$ 和 $r^2 - k$ 是有理数的平方.所以,如果对已知的自然数 k,方程组(30)有自然数解,那么这样的有理数 r 也有无穷多个.

现在我们证明对自然数 k,当且仅当存在三边的长都是有理数,且面积为 k 的直角三角形时,存在有理

数 r，使 r^2+k 和 r^2-k 是有理数的平方.

实际上，一方面，如果
$$r^2+k=g^2，\quad r^2-k=h^2$$
这里 r,g,h 是有理数，那么
$$(g+h)^2+(g-h)^2=2(g^2+h^2)=(2r)^2$$
即存在有理数边 $g+h,g-h,2r$，面积为 $\dfrac{g^2-h^2}{2}=k$ 的
直角三角形.

另一方面，如果直角三角形的边 a,b,c 是有理数，
面积是 k，那么 $ab=2k,a^2+b^2=c^2$，由此得
$$\frac{c^2}{4}+k=\left(\frac{a+b}{2}\right)^2，\quad \frac{c^2}{4}-k=\left(\frac{a-b}{2}\right)^2$$
只要取 $r=\dfrac{c}{2}$.

由此，因为当 $k=5$ 时，方程组（30）有自然数解
$x=41,y=12,z=49,t=31$，于是存在无穷多个不同的
r，使 r^2+5 和 r^2-5 都是有理数的平方. 寻求这样的
有理数的问题约在 1220 年时就有人提出来了，当时
Леонардо Пизанск 就求出了 $r=\dfrac{41}{12}$.

设 $x_1=41,y_1=12,z_1=49,t_1=31$. 对 $n=1,2,\cdots$
有
$$x_{n+1}=x_n^4+25y_n^4，\quad z_{n+1}=x_n^4+10x_n^2y_n^2-25y_n^4$$
$$y_{n+1}=2x_ny_nz_nt_n，\quad t_{n+1}=|x_n^4-10x_n^2y_n^2-25y_n^4|$$

$$(33)$$

容易验证
$$x_1^2+5y_1^2=z_1^2，\quad x_1^2-5y_1^2=t_1^2$$
而根据公式（33），以及上述的证明，用数学归纳法立即

46

得到

$$x_n^2+5y_n^2=z_n^2, \quad x_n^2-5y_n^2=t_n^2 \quad (n=1,2,\cdots)$$

由此,取 $r_n=\dfrac{x_n}{y_n}(n=1,2,\cdots)$,得

$$r_n^2+5=\left(\frac{z_n}{y_n}\right)^2, \quad r_n^2-5=\left(\frac{t_n}{y_n}\right)^2 \quad (n=1,2,\cdots)$$

因此,数 $r_n(n=1,2,\cdots)$ 是有理数,并且数 r_n^2+5 和 r_n^2-5 是有理数的平方.

当 $n=1$ 时,得到上面的数 $\dfrac{41}{12}$.

当 $n=2$ 时,得到

$$x_2=41^4+25\times12^4=3\ 344\ 161$$
$$y_2=2\times41\times12\times49\times31=1\ 494\ 696$$
$$z_2=41^4+10\times41^2\times12^2-25\times12^4=4\ 728\ 001$$
$$t_2=|41^4-10\times41^2\times12^2-25\times12^4|=113\ 279$$

给出数 $r_2=\dfrac{3\ 344\ 161}{1\ 494\ 696}$,对此有

$$r_2^2+5=\left(\frac{4\ 728\ 001}{1\ 494\ 696}\right)^2, \quad r_2^2-5=\left(\frac{113\ 279}{1\ 494\ 696}\right)^2$$

这些数是 Ю. Д. Xилл 在 1931 年找到的[1].

数 x_3 已经有 27 位数字.

可以证明对 $k=1,2,3,4$,不存在正有理数 r,使 r^2+k 和 r^2-k 都是有理数的平方.

---

[1] Ю. Д. Xилл. Amer. Monthly. 38299. 1931.(俄译者)

§10 方程组 $x^2+k=z^2$, $x^2-k=t^2$. 相合数

我们也研究使方程组

$$x^2+k=z^2, \quad x^2-k=t^2 \qquad (34)$$

至少有一组自然数解 x,z,t 的自然数 k, 这样的数 k 叫作相合数[①].

这里的问题和方程组(30)的情况不同, 即对每一个给定的自然数 k, 方程组(34)有有限组(大于或等于 0 组)自然数解 x,z,t. 实际上, 如果给定的自然数 x,z,t 满足方程组(34), 那么有

$$k=z^2-x^2=(z+x)(z-x)=$$
$$x^2-t^2=(x+t)(x-t)$$

显然, 由此可知, 数 $z+x$ 和 $z-x$ 都是数 k 的约数, 所以小于或等于 k; 于是 $x<k, z<k$ 和 $t<k$, 这样的自然数组 x,z,t 有有限组.

现在假定自然数 k 是相合数, 那么存在自然数 x,z,t 使方程组(34)成立. 因此 $z>t, 2x^2=z^2+t^2$, 由此可得, z 和 t 或者都是偶数或者都是奇数. 所以数 $z+t$

---

① 作者把这种数叫作相合数"Liczby Kongruentne". (俄译者)

48

和 $z-t$ 都是偶数. 所以设 $z+t=2a, z-t=2b$, 这里 a, b 是自然数. 由此可得, $z=a+b, t=a-b$, 考虑到(34), 得

$$2x^2=z^2+t^2=(a+b)^2+(a-b)^2=2(a^2+b^2)$$

则

$$x^2=a^2+b^2$$

并且由(34), 得

$$2k=z^2-t^2=(a+b)^2-(a-b)^2=4ab$$

即 $k=2ab$. 这样, 如果 k 是相合数, 那么存在方程 $a^2+b^2=c^2$ 的自然数解, 使 $2ab=k$.

反之, 如果自然数 a, b, c 满足方程 $a^2+b^2=c^2$, 那么容易验证 $c^2\pm 2ab=(a\pm b)^2$, 即 $2ab$ 是相合数.

这样, 方程 $a^2+b^2=c^2$ 的每一组自然数解都能确定相合数 $2ab$, 并且用这样的方法可以得到所有的相合数.

有些相合数可以从方程 $a^2+b^2=c^2$ 的两组或两组以上的不同的解得到. 例如, 相合数 840 可以由解 $20^2+21^2=29^2$ 和 $12^2+35^2=37^2$ 得到 (这里 $29^2+840=41^2, 29^2-840=1^2$, 同样有 $37^2+840=47^2$, $37^2-840=23^2$); 相合数 $3\,360=4\times 840$ 可以从三组不同的解

$$40^2+42^2=58^2, 24^2+70^2=74^2, 15^2+112^2=113^2$$

得到.

很明显, 如果 k 是相合数, 那么数 kd^2 ($d=1$, $2, \cdots$) 也是相合数. 但是, 如果 kd^2 是相合数, 那么数 k 也可能不是相合数. 例如数 6×2^2 是相合数, 但 6 不是相合数. 现在我们就容易推出要使对 k 来说方程组

49

(30)有自然数解 x,y,z,t,当且仅当存在自然数 d,使 kd^2 是相合数.

从上述的相合数与勾股方程的解之间的联系出发,并利用勾股方程的解的著名的表达式,就容易断言:当且仅当 k 是形如

$$k=4mn(m^2-n^2)l^2 \qquad (35)$$

的数时,k 是相合数. 这里 m,n,l 是自然数,并且 m,n 中至少有一个是偶数.

对这样的数 k,容易验证

$$[(m^2+n^2)l]^2 \pm k=[(m^2-n^2\pm2mn)l]^2 \qquad (36)$$

当 $m=4^2,n=3^2,l=1$ 时,得相合数

$$k=4\times4^2\times3^2\times(4^4-3^4)=7\times(3\times5\times8)^2$$

与公式(36)相应,我们有

$$(4^4+3^4)^2\pm7\times(3\times5\times8)^2=(4^4-3^4\pm2\times4^2\times3^2)^2$$

它给出了前面的当 $k=7$ 时,方程组(30)的解

$$x=4^4+3^4=337$$

$$y=3\times5\times8=120$$

$$z=4^4-3^4+2\times4^2\times3^2=175+288=463$$

$$t=|175-288|=113$$

§11 另一些二次方程或方程组

求三个自然数 x,y,z，使 $x\pm y,x\pm z,y\pm z$ 都是完全平方数的问题归结为含有八个未知数的六个二次方程组成的方程组.

欧拉在研究了这一问题后，用满足方程

$$t^2=(f^4-k^4)(g^4-h^4) \qquad (37)$$

的自然数 t,f,k,g,h 来确定这样的数.

有了 t,f,k,g,h 这些数以后，取

$$2x=(f^4+k^4)(g^4+h^4)$$
$$2y=t^2+(2fghk)^2$$
$$2z=|t^2-(2fghk)^2|$$

容易验证，有

$$x+y=(f^2g^2+h^2k^2)^2, \quad x-y=(f^2h^2-g^2k^2)^2$$
$$x+z=(f^2g^2-h^2k^2)^2, \quad x-z=(f^2h^2+g^2k^2)^2$$
$$y+z=t^2, \quad y-z=(2fghk)^2$$

如果由 $2x,2y,2z$ 的表达式得到的数 x,y,z 不是自然数，那么可用数 $4x,4y,4z$ 代替.

欧拉用上述方法从等式

$$520^2=(3^4-2^4)(9^4-7^4)$$

出发得到数

$$x=434\ 657, \quad y=420\ 968, \quad z=150\ 568$$

由等式

$$975^2 = (3^4 - 2^4)(11^4 - 2^4)$$

得到数

$4x = 2\,843\,458,\quad 4y = 2\,040\,642,\quad 4z = 1\,761\,858$

A. Жерардин 从等式

$$2\,040^2 = (2^4 - 1^4)(23^4 - 7^4)$$
$$3\,567^2 = (5^4 - 4^4)(21^4 - 20^4)$$
$$7\,800^2 = (9^4 - 7^4)(11^4 - 2^4)$$
$$13\,920^2 = (7^4 - 3^4)(17^4 - 1^4)$$
$$62\,985^2 = (14^4 - 5^4)(18^4 - 1^4)$$
$$230\,880^2 = (17^4 - 9^4)(29^4 - 11^4)$$

得到了其他一些解.

方程(37)有无穷多组自然数解 t, f, k, g, h. 例如 $t = 520n^4, f = 3n, k = 2n, g = 9n, h = 7n$. 这里 $n = 1, 2, \cdots$.

容易证明,对于每一个自然数 $k(k \neq 1, k \neq 3)$,方程

$$x(x+1) + y(y+1) + z(z+1) = k(k+1)$$

至少有一组自然数解 x, y, z(这与以下命题等价:每一个不等于 1 和 6 的三角形数都是三个三角形数的和).

因此,只要分 k 除以 3 余 0,余 1,余 2 三种情况,利用以下恒等式证明

$$3t(3t+1) = 2t(2t+1) + 2t(2t+1) + (t-1)t$$
$$(3t+1)(3t+2) = 2t(2t+1) + (2t+1)(2t+2) + t(t+1)$$
$$(3t+2)(3t+3) = (2t+1)(2t+2) + (2t+1)(2t+2) +$$
$$(t+1)(t+2)$$

要证明以下命题是十分困难的,即对每一个整数 $k \geqslant 0$,都存在非负整数 x, y, z,使

$$x(x+1)+y(y+1)+z(z+1)=2k$$

(即每一个自然数①都是三个大于或等于 0 的三角形数的和).

容易证明,对每一个自然数 k,方程

$$x^2+y^2-z^2=k$$

都有无穷多组自然数解 x,y,z;这可以从恒等式

$$2t-1=(2u)^2+(2u^2-t)^2-(2u^2-t+1)^2$$

$$2t=(2u+1)^2+(2u^2+2u-t)^2-(2u^2+2u-t+1)^2$$

直接得到. 由此看出,每个自然数都是三个自然数的平方的代数和.

但是存在无穷多个自然数 k,使方程

$$x^3+y^3-z^3=k$$

无整数解 x,y,z. 根据每一个整数的立方除以 9 余 1,0 或 8,可以证明,对每一个除以 9 余 4 或 5 的整数 k,这一方程无整数解 x,y,z.

也存在无穷多个自然数 k,使方程

$$x^4+y^4-z^4=k$$

无整数解 x,y,z. 例如所有除以 5 余 3 的数 k 就是这样的数(这可以根据任何整数的四次方除以 5 余 0 或 1 证得).

可以证明(尽管也非常困难),当且仅当 k 不是形如 $4^h(8t+9)$(k 和 t 是大于或等于 0 的整数)的数时,方程

$$x^2+y^2+z^2=k$$

———————————

① 实际上,每一个非负整数.(俄译者)

至少有一组整数解 x, y, z.

定理 对于每一个自然数 k, 方程
$$x^2 + y^2 + z^2 + t^2 = k$$
至少有一组整数解 x, y, z, t. 其证明比较容易.

根据 A. Гурвиц 定理(证明很复杂), 使方程
$$x^2 + y^2 + z^2 = k^2$$
无自然数解 x, y, z 的 k 是只具有形如 $k = 2^h$ 和 $k = 2^h \times 5$ 的数 $(h = 1, 2, \cdots)$.

也可以证明对于每一个自然数 $k > 3$, 方程
$$x^2 + y^2 + z^2 + t^2 = k^2$$
至少有一组自然数解 x, y, z, t. 对自然数 k, 使方程
$$x^2 + y^2 + z^2 + t^2 = k$$
至少有一组自然数解 x, y, z, t 的充要条件是十分复杂的.

正如笛卡儿所预料的那样, Г. Полл 在 1933 年证明了这个条件是: k 不是 $1, 3, 5, 9, 11, 17, 29, 41, 4^h \times 2, 4^h \times 6, 4^h \times 14$ 中的任何一个, 这里 $h = 0, 1, 2, \cdots$.

可以证明, 使方程
$$x^2 + y^2 + z^2 + t^2 + u^2 = k$$
没有自然数解 x, y, z, t, u 的 k 只能是 $1, 2, 3, 4, 6, 7, 9, 10, 12, 15, 18, 33$ 这几个数.

现在来研究方程组
$$x = y^2 + z^2, \quad x + 1 = t^2 + u^2, \quad x + 2 = v^2 + w^2$$
的自然数解 x, y, z, t, u, v, w. 这样的解有无穷多组, 都可以从
$$(n^2 + n)^2 + (n^2 + n)^2$$
$$[n(n+2)]^2 + (n^2 - 1)^2$$

54

$$(n^2+n+1)^2+(n^2+n-1)^2$$

得到,它们是三个连续自然数,这里 $n=2,3,\cdots$.

方程组

$$x^2=y^2+z^2,\quad (x+1)^2=t^2+u^2,\quad (x+2)^2=v^2+w^2$$

也有无穷多组解 x,y,z,t,u,v,w. 这可由恒等式

$$(2\ 665k+39)^2=(1\ 025k+15)^2+(2\ 460k+36)^2$$
$$(2\ 665k+40)^2=(1\ 599k+24)^2+(2\ 132k+32)^2$$
$$(2\ 665k+41)^2=(585k+9)^2+(2\ 600k+40)^2$$

直接推出. 这里 $k=0,1,2,\cdots$.

可以证明(虽然证明很困难)方程组

$$x=y^2+(y+1)^2,\quad x^2=z^2+(z+1)^2$$

只有 $x=5,y=1,z=3$ 这一组自然数解.

费马已经知道,以下定理的证明并不简单:方程组

$$x=2y^2-1,\quad x^2=2z^2-1$$

的自然数解 x,y,z 只有 $x=y=z=1;x=7,y=2,z=5$ 这两组.

§12 关于方程 $x^2+y^2+1=xyz$

现在来确定方程
$$x^2+y^2+1=xyz \qquad (38)$$
的所有自然数解 x,y,z. 首先证明,如果自然数 x,y,z 满足方程(38),那么一定有 $z=3$.

事实上,我们假定如果对某一个 $z\neq 3$,方程(38)有自然数解 x,y. 如果 $y=x$,那么由方程(38),得 $2x^2+1=x^2z$. 自然数 x 是 1 的约数,于是 $x=1$,由此也有 $y=1$. 由方程(38),得 $z=3$. 这与假定 $z\neq 3$ 矛盾. 这样,数 x 和 y 不同,可以假定 $x<y$,在所有 $x<y$ 的满足方程(38)的自然数组 x,y 中显然存在 y 最小的数组[①]. 现在取
$$x_1=xz-y, \quad y_1=x \qquad (39)$$
由方程(38)和不等式 $x<y$,有
$$xz-y=\frac{x^2+1}{y}<x+\frac{1}{y}<x+1$$
由式(39)可知,x_1 是满足 $x_1\leqslant x=y_1$ 的自然数,且
$$x^2+1=x_1y, \quad x_1+y=y_1z$$
由此可得
$$x_1^2+y_1^2+1=x_1^2+x^2+1=x_1^2+x_1y=$$

---

① 后面作者默认,假定 (x,y) 就是这样的数组.

56

$$x_1(x_1+y)=x_1y_1z$$

这表示自然数组 x_1,y_1 满足方程(38).

我们看到(由于 $z\neq3$)等式 $x_1=y_1$ 是不可能的，因为 $x_1\leqslant y_1$，所以有 $x_1<y_1=x<y$，由此 $y_1<y$，这与数组 x,y 的假定矛盾.

因此假定存在自然数 $x,y,z(z\neq3)$ 满足方程(38)就推出了矛盾，于是方程(38)有自然数解 x,y,z 就归结为求方程

$$x^2+y^2+1=3xy \tag{40}$$

的自然数解 x,y.

此时如果 $x=y$，那么有 $x=y=1$. 假定 x,y 是方程(40)的自然数解，并且 $x\neq y$，例如说，$x<y$，设

$$x_1=3x-y$$

如前所述，对数组(39)可得 x_1 是小于或等于 x 的自然数，有

$$x_1^2+x^2+1=3x_1x$$

如果 $x_1<x$，那么用类似的方法可求出自然数 $x_2=3x_1-x$，有

$$x_2\leqslant x_1,\quad x_2^2+x_1^2+1=3x_2x_1$$

如果 $x_2<x_1$，我们就能求出自然数 $x_3\leqslant x_2$，有

$$x_3=3x_2-x_1 \text{ 和 } x_3^2+x_2^2+1=3x_3x_2$$

因为递减的自然数列不能是无限的，所以对某一个自然数 n，能找到 $x_n=x_{n-1}$，并且有

$$x_n^2+x_{n-1}^2+1=3x_nx_{n-1}$$

由此可得

$$x_n = x_{n-1} = 1$$

于是由于

$$x_n = 3x_{n-1} - x_{n-2}$$

$$x_{n-2} = 3x_{n-1} - x_n = 2$$

$$x_{n-3} = 3x_{n-2} - x_{n-1} = 5$$

$$\vdots$$

$$x_1 = 3x_2 - x_3$$

$$x = 3x_2 - x_1$$

$$y = 3x - x_1$$

这样我们就证明了,如果自然数 $x, y \geqslant x$ 满足方程(40),那么 x, y 应该是由条件

$$u_1 = u_2 = 1, \quad u_{n+1} = 3u_n - u_{n-1} \quad (n = 2, 3, \cdots)$$

$$(41)$$

定义的无穷数列

$$u_1, u_2, u_3, \cdots$$

即数列

$$1, 1, 2, 5, 13, 34, 89, 233, 610, \cdots$$

中的连续两项.

另外,用数学归纳法容易证明,这一数列的每连续两项是方程(40)的自然数解.事实上,如果对某一个自然数 n 有

$$u_n^2 + u_{n+1}^2 + 1 - 3u_n u_{n+1} = 0$$

(当 $n=1$ 时,因为 $u_1 = u_2 = 1$ 正确),所以由条件(41)得

$$u_{n+2} = 3u_{n+1} - u_n \text{ 和 } u_{n+2} - 3u_{n+1} = -u_n$$

于是得到

58

$$u_{n+1}^2+u_{n+2}^2+1-3u_{n+1}u_{n+2}=$$
$$u_{n+1}^2+u_{n+2}(u_{n+2}-3u_{n+1})+1=$$
$$u_{n+1}^2-(3u_{n+1}-u_n)u_n+1=$$
$$u_{n+1}^2+u_n^2+1-3u_nu_{n+1}=0$$

因此,我们证明了 $(u_n,u_{n+1})(n=1,2,\cdots)$ 是方程 (40) 的所有自然数解 $x,y(x\leqslant y)$,其中 $u_n(n=1,2,\cdots)$ 由条件 (41) 确定,于是这种解是无穷多的. 由此可知,数组 $(u_n,u_{n+1},3)(n=1,2,\cdots)$ 是方程 (38) 的所有自然数解 x,y,z(这里 $x\leqslant y$).

对无穷数列 $u_1,u_2,\cdots$,我们还发现用 v_n 表示斐波那契数列,即无穷数列

$$v_1=v_2=1,\quad v_{n+1}=v_n+v_{n-1}\quad(n=2,3,\cdots)$$

的第 n 项.

当 $n=2,3,\cdots$ 时,有

$$v_{2n+1}=v_{2n}+v_{2n-1}$$
$$v_{2n}=v_{2n-1}+v_{2n-2}$$
$$v_{2n-1}=v_{2n-2}+v_{2n-3}$$

所以

$$v_{2n+1}=3v_{2n-1}-v_{2n-3}\quad(n=2,3,\cdots)\qquad(42)$$

我们有 $u_1=1=v_1,u_3=2=v_3$. 假定对某个自然数 $n(n\geqslant2)$,关系式

$$u_n=v_{2n-3},\quad u_{n+1}=v_{2n-1}\quad(当 n=2 时成立)$$

成立. 根据式 (41)(42),得

$$u_{n+2}=3u_{n+1}-u_n=3v_{2n-1}-v_{2n-3}=v_{2n+1}$$

因此,我们用数学归纳法证明了对于 $n\geqslant2$,以下等式成立

59

$$u_n = v_{2n-3}$$

由此可知,数 $u_2, u_3, u_4, \cdots$ 是斐波那契数列

$$1, 1, 2, 3, 5, 8, 13, 21, 34, 55, 89, \cdots$$

的第奇数项.

方程

$$x + y + 1 = xyz \tag{43}$$

的所有自然数解很容易求出.

如果 $y = x$,那么 $2x + 1 = x^2 z$,x 是 1 的约数,于是 $x = 1, y = 1, z = 3$. 如果 $x < y$,由方程(43),有 $xyz = x + y + 1 < 2y + 1$. 于是 $xyz \leqslant 2y$,所以 $xz \leqslant 2$,由此可知,$x = 1$ 或 $x = 2$. 如果 $x = 1$,那么由方程(43),得 $y + 2 = yz$,y 是 2 的约数,因为 $yz > x = 1$,所以 $y \geqslant 2$,于是 $y = 2$,得 $z = 2$. 如果 $x = 2$,那么由方程(43),得 $y + 3 = 2yz$,于是 y 是 3 的约数,因为 $y > x = 2$,所以 $y \geqslant 2$,于是 $y = 3$,得 $z = 1$.

因此,满足条件 $x \leqslant y$ 的方程(43)的自然数解 x, y, z 只有三组,即

$$(1, 1, 3), (1, 2, 2), (2, 3, 1)$$

根据方程(38)在 $z \neq 3$ 时,无自然数解 x, y, z 这一点. A. 辛策尔断言方程

$$u^2 - (z^2 - 4)v^2 = -4 \tag{44}$$

当 $z \neq 3$ 时,也没有自然数解 u, v, z.

事实上,假定自然数解 u, v, z 满足方程(44),那么 u 和 zv 应该同奇同偶,即 $x = \dfrac{u + zv}{2}$ 是自然数. 再假定 $v = y$,这时有 $u = 2x - zy$. 根据方程(44),得

$$(2x - zy)^2 - (z^2 - 4)y^2 = -4$$

或

$$4x^2-4xyz+4y^2=-4$$

即方程(38).已证明当 $z\neq3$ 时,它没有自然数解 x,y,z.

由此可知,当 $z\neq3$ 时,方程

$$x^2-(z^2-4)y^2=-1$$

也没有自然数解 x,y,z. 因为如果 x,y,z 满足这一方程,那么取 $u=2x,v=2y$,就得到了满足方程(44)的自然数 u,v,z.

于是当 $D=n^2-4$ 时(n 为自然数,$n\neq3$)方程

$$x^2-Dy^2=-1$$

无自然数解,特别地,当 $D=12,21,32,45,60,77,96$ 时(但当 $D=5$ 时,有解 $x=38,y=17$).

现在我们来求方程组

$$x^2+1=yu, \quad y^2+1=xv \tag{45}$$

的所有自然数解 x,y,u,v.

假定自然数 x,y,u,v 满足方程组(45).由(45)知,$yu-x^2=1$;数 x 和 y 的每一个公约数都是 1 的约数,所以 x 和 y 互质.根据方程组(45),我们有

$$x^2+y^2+1=x(x+v)=y(y+u) \tag{46}$$

因此,数 x^2+y^2+1 能被互质数 x 和 y 中的每一个整除,于是也能被它们的积 xy 整除,即存在自然数 z,使方程(38)成立.因此 $z=3$,即变为等式(40).由方程组(46)得

$$x+v=3y, \quad y+u=3x$$

所以

$$v=3y-x, \quad u=3x-y$$

这样就证明了如果自然数 x,y,u,v 满足方程组 (46)，那么 x 和 y 满足方程(40)，并且

$$u=3x-y, \quad v=3y-x$$

根据上面求出的方程(40)的解的公式，可推出方程组(45)的所有自然数解 $x,y,u,v(x \leqslant y)$ 都包括在以下公式里

$$x=u_n, \quad y=u_{n+1}, \quad u=3u_n-u_{n+1}, \quad v=3u_{n+1}-u_n$$

这里 $\{u_n\}(n=1,2,\cdots)$ 是由条件(41)定义的无穷数列.

由此可直接推出，凡使 x^2+1 能被 y 整除，y^2+1 能被 x 整除的所有自然数组 $x,y \geqslant x$，都由公式 $x=u_n, y=u_{n+1}$（这里 $n=1,2,\cdots$）确定. В. Г. Миллс 在 1953 年用其他方法也求出这一结果.

§13 高次方程

1.　现在转向三次方程. 我们在二元的情况下就已经遇到了很大的困难.

例如取这种最简单的形式之一

$$x^2 - y^3 = 1 \qquad (47)$$

很早就知道,除了 $x=3, y=2$ 外,它没有其他的自然数解. 但是,这一事实的所有证明都不是初等的. 只是在不久前,A. Вакулич 才找到了这一事实的初等证明,可是证明太长了.

可以证明,方程(47)除了 $x=3, y=2$ 外没有其他自然数解 x, y 这一定理等价于以下定理:任何大于 1 的三角形数都不是任何自然数的立方,也等价于以下定理:

方程

$$u^3 - 2v^3 = 1, \quad u^3 - 2v^3 = -1$$

都没有自然数解 $u, v(v>1)$.

从欧拉定理:任何大于 1 的三角形数不是任何自然数的立方. 容易推出,当 $n>1$ 时,数 $1^3 + 2^3 + 3^3 + \cdots + n^3$ 不是任何自然数的立方. 实际上

$$1^3 + 2^3 + 3^3 + \cdots + n^3 = \left[\frac{n(n+1)}{2}\right]^2 = t_n^2$$

所以,如果数 t_n^2 是自然数的立方的话,那么 t_n 也是自

63

然数的立方(因为如果自然数 m 的平方是自然数的立方,那么数 m 也是自然数的立方),这与欧拉定理矛盾.

2. 容易证明,方程

$$x^2+2=y^3$$

除了 $x=5,y=3$ 外没有其他自然数解.这一点费马早(在 17 世纪)就知道了.但是,容易证明方程 $x^2+2=y^3$ 有其他有理数解.因为根据恒等式

$$\left(\frac{27y^6-36x^2y^3+8x^4}{8x^3}\right)^2+y^3-x^2=\left(\frac{9y^4-8x^2y}{4x^2}\right)^3$$

从上述方程的每一组有理数解 x,y,可得到另一组解.

例如,用这种方法从解 $x=5,y=3$ 开始,得到 $x=\frac{383}{1\ 000}, y=\frac{129}{100}$.

要证明方程 $x^2-2=y^3$ 没有自然数解 x,y 是困难的.

但是可以证明,并且是用初等方法证明:方程 $x^2+3=y^3$ 和 $x^2-7=y^3$ 没有整数解 x,y.但是如果不用到数论中的已知定理:形如 x^2+1 的数没有形如 $4k+3$ 的约数,那么这一证明并不简单.

方程 $x^2+7=y^3$ 有自然数解,例如,$x=1,y=2$ 或 $x=181,y=32$.

也证明了方程 $x^2+44=y^3$ 只有整数解 $x=\pm9$,$y=5$.

对整数 $k(-100\leqslant k<0)$,方程 $x^2+k=y^3$ 的整数解已全部求出.方程 $x^2-9=y^3$ 有以下整数解 x,y:

$(\pm1,-2),(\pm3,0),(\pm6,3),(\pm15,6),(\pm253,40)$

64

Л. Ю. Мордел 证明了对每一个整数 $k(k \neq 0)$, 方程 $x^2 + k = y^3$ 都有有限组(大于或等于 0 组)整数解 x, y.

1930 年, T. Нагель 证明了方程 $x^2 - 17 = y^3$ 只有当 $\pm x = 3, 4, 5, 9, 23, 282, 375, 378\ 661$ 时有整数解 x, y.

3. 已经证明方程
$$x^3 + y^3 = z^3 \tag{48}$$
没有自然数解 x, y, z; 但证明很难, 很长. 证明方程
$$x^4 + y^4 = z^4 \tag{49}$$
没有自然数解 x, y, z 却容易多了.

但是方程
$$(x^2 - 1)^2 + (y^2 - 1)^2 = (z^2 - 1)^2$$
却有自然数解 x, y, z. 例如
$$x = 10, \quad y = 13, \quad z = 14$$
$$x = 265, \quad y = 287, \quad z = 329$$
还不知道是否还有其他的解.

方程
$$x^4 + y^4 = z^4 + t^4$$
也有彼此不等的自然数解 x, y, z, t. 例如
$$133^4 + 134^4 = 59^4 + 158^4$$
$$103^4 + 542^4 = 359^4 + 514^4$$

也证明了方程
$$x^4 \pm y^4 = z^2 \tag{50}$$
没有自然数解 x, y, z. 由此可直接推出方程
$$x^4 + y^4 = 2z^2 \tag{51}$$
除了 $y = x, z = x^2$ 外也没有其他的自然数解(这里 x

是任意自然数). 实际上, 如果 $y \neq x$, 我们有 $\mid x^2 - y^2 \mid > 0$, 根据方程(51), 有

$$(x^2 + y^2)^4 - (x^2 - y^2)^4 = (4xyz)^2$$

这与方程(50)无自然数解 x, y, z 矛盾.

容易证明方程

$$x^4 + y^4 = 3z^2$$

甚至方程 $x^2 + y^2 = 3z^2$ 也没有自然数解 x, y, z.

方程

$$x^4 + y^4 = 4z^2$$

或方程 $x^4 + y^4 = (2z)^2$ 也没有自然数解 x, y, z. 这可由方程(50)直接推得.

容易证明, 方程

$$x^4 + y^4 = 5z^2$$

没有自然数解 x, y, z. 实际上, 不难发现这里可假定数 x 和 y 互质, 于是它们不能同时被 5 整除, 且自然数的四次方除以 5 余 0 或 1.

也可以证明, 方程 $x^4 - y^4 = 5z^4$ 有唯一的自然数解 $x = 3, y = 1, z = 2$.

方程(48)和(49)是方程

$$x^n + y^n = z^n \qquad (52)$$

的特殊情况. 关于这一方程, 费马在 17 世纪就断言, 当 n 为大于 2 的自然数时它无自然数解. 尽管几百年来许多卓越的数学家花了不少努力, 但至今尚未成功证明这一最难的费马大定理[①]. 不过, 只是在指数 n 是很

———————

① 这一问题已由英国数学家威尔斯在 1994 年解决了. (译者注)

66

大的一些数时得到证明.根据近年来 Д. Г. Лемер、Е. Лемер 和 Г. С. Вандивер 所得到的结果,费马大定理对于所有这样的 $n(2<n<4\ 002)$ 已经得到了证明,也就是说,对小于 4 002,且至少有一个奇约数的所有 n,进行了证明.此外,对另一些自然数 n,也得到了证明.

几十年前许多人对费马大定理产生了极大的兴趣.德国曾在 1909 年以巨额奖金征求解答,奖给证明出费马大定理或举出一个反例的人.第一次世界大战以后,这笔奖金就贬值了.因为发表费马大定理的证明就可以获得奖金,而科学出版部门不采用错误证明,于是有些人就把自己的证明刊登在私人的刊物上,所以有不少国家,其中包括波兰,就出现了许多错误的证明.这些错误证明的共同点在于对费马大定理中指数取最小时,即当 $n=3$ 时就已经错了.这些错误证明的作者,大多不是数学家,他们用的仅仅是初等的方法.然而,当 $n=3$ 时,大家熟知的方法就不是初等的了.

问题不在于费马大定理是否正确.这对数学家来说并没有多大的意义,但是它在数学中却起了很大的作用.因为要求解决这一问题的许多想法都促进了解决其他问题的许多新方法的发现.特别是促进了代数数论和理想数论的发展.

4. 欧拉提出了以下猜测:方程

$$x^4+y^4+z^4=t^4$$

无自然数解 x,y,z,t. 1945 年 М. Уорд 证明了方程在 $t<10^8$ 时无自然数解.

Л. Ю. Морделл 的猜测:方程

$$x^3 + y^3 + z^3 = 3$$

除了解

$$(1,1,1),(4,4,-5),(4,-5,4),(-5,4,4)$$

以外是否还有其他整数解,这也是一个很困难的问题.

容易证明,方程

$$x^3 + y^3 + z^3 = 1$$

有无穷多组整数解 x,y,z;这可由恒等式

$$(9n^4)^3 + (1-9n^3)^3 + (3n-9n^4)^3 = 1$$

($n=1,2,\cdots$)推出.

方程

$$x^3 + y^3 + z^3 = 2$$

也有无穷多组整数解 x,y,z;这可由恒等式

$$(1+6n^3)^3 + (1-6n^3)^3 + (-6n^2)^3 = 2$$

($n=1,2,\cdots$)推出.

不久前还求出了当 k 是绝对值小于或等于 100 的整数时,方程 $x^3 + y^3 + z^3 = k$ 的所有绝对值小于或等于 3 164 的整数解 x,y,z[①].

我们还不知道方程

$$x^3 + y^3 + z^3 = 30$$

是否有整数解 x,y,z.

不难证明,方程

$$x^3 + y^3 + z^3 = t^2$$

有无穷多组不同的自然数解 x,y,z,t,证明可由恒等

---

① Ю. Ц. П. Миллер, М. Ф. Ц. Вуллетт. Journal of London Math. Soc. 30. p. 101-110. 1955.

式

$$[u(u^3+2)]^3+(2u^3+1)^3+(3u^2)^3=(u^6+7u^3+1)^2$$

推出. 例如, 由 $u=2$ 得到

$$20^3+17^3+12^3=121^2=11^4$$

因此, 此时这组解也是方程 $x^3+y^3+z^3=w^4$ 的自然数解 x, y, z, w.

我们还有更一般的恒等式

$$[u(u^3+2v^3)]^3+[v(2u^3+v^3)]^3+(3u^2v^2)^3=$$
$$(u^6+7u^3v^3+v^6)^2$$

它可用数 $\dfrac{u}{v}$ 代替前面的式子中的 u, 并在两边乘以 v^{12} 得到. 由此对 $u=5, v=2$ 得到

$$705^3+516^3+300^3=22\,689^2$$

Рамарутан 恒等式

$$(3u^2+5uv-5v^2)^3+(4u^2-4uv+6v^2)^3+$$
$$(5u^2-5uv-3v^2)^3=(6u^2-4uv+4v^2)^3$$

也成立. 因此对 $u=1, v=0$, 得到 $3^3+4^3+5^3=6^3$.

还有恒等式

$$(75v^5-u^5)^5+(u^5+25v^5)^5+(u^5-25v^5)^5+$$
$$(10u^3v^2)^5+(50uv^4)^5=(u^5+75v^5)^5$$

如果

$$0<25v^5<u^5<75v^5$$

例如 $u=2, v=1$, 那么上式中所有的加数都大于 0. 例如, 我们有

$$7^5+43^5+57^5+80^5+100^5=107^5$$

5. 利用恒等式

$$[u(u^2-3v^2)]^2+[v(3u^2-v^2)]^2=(u^2+v^2)^3$$

69

容易证明方程

$$x^2 + y^2 = z^3$$

有无穷多组自然数解 x, y, z(x 和 y 互质). 只要在上述恒等式中取 u 和 v 为互质的自然数, 并且一奇一偶, 就得到该方程的解.

欧拉曾经指出, 如果 n 是大于 1 的自然数, 那么方程

$$x^2 + y^2 = z^n$$

的所有自然数解 x, y, z(x 和 y 互质) 都可从以下恒等式得到

$$\left[\pm \frac{(r+is)^n + (r-is)^n}{2}\right]^2 +$$

$$\left[\pm \frac{(r+is)^n - (r-is)^n}{2i}\right]^2 = (r^2 + s^2)^n$$

这里 r 和 s 是互质的自然数, 且一奇一偶, $i = \sqrt{-1}$, 显然这个公式可以不用 i 表示, 因为

$$\frac{(r+is)^n + (r-is)^n}{2} = r^n - \binom{n}{2} r^{n-2} s^2 + \binom{n}{4} r^{n-4} s^4 - \cdots$$

$$\frac{(r+is)^n - (r-is)^n}{2i} = \binom{n}{1} r^{n-1} s - \binom{n}{3} r^{n-3} s^3 +$$

$$\binom{n}{5} r^{n-5} s^5 - \cdots$$

方程

$$x^2 - y^2 = z^3$$

的自然数解 x, y, z 可从以下恒等式得到

$$[u(u^2 + 3v^2)]^2 - [v(3u^2 + v^2)]^2 = (u^2 - v^2)^3$$

A. Шинцель 用初等方法证明了方程

70

$$x^2 + 2y^2 = z^3$$

的所有自然数解 x, y, z 可从以下恒等式

$$[r(r^2 - 6s^2)]^2 + 2[s(3r^2 - 2s^2)]^2 = (r^2 + 2s^2)^3$$

得到,这里 r 与 $2s$ 互质.

6. 方程

$$z^2 + x^3 = y^4$$

有无穷多组自然数解 x, y, z. 正如前面所证,方程(11)有无穷多组自然数解 x, y. 如果 x 和 y 是满足方程(11)的自然数,那么由恒等式

$$\left[\frac{x(x-1)}{2}\right]^2 + x^3 = \left[\frac{x(x+1)}{2}\right]^2$$

取 $z = \frac{x(x-1)}{2}$,得到 $z^2 + x^3 = y^4$.

用这一方法,连续从既是三角形数又是平方数的数出发,可以得到解

$28^2 + 8^3 = 6^4, 1\,176^2 + 49^3 = 35^4, 41\,328^2 + 288^3 = 204^4$

但是还有其他的解. 例如

$$27^2 + 18^3 = 9^4, \quad 63^2 + 36^3 = 15^4$$

我们还发现,容易证明方程

$$x^2 + y^3 + z^4 = t^2$$

有无穷多组自然数解 x, y, z, t. 这可由以下恒等式得到

$$(a^2 - 2ac^3 - 4a^2 d^4)^2 + (2ac)^3 + (2ad)^4 = (a^2 + 2ac^3 + 4a^2 d^4)^2$$

7. 我们还研究方程

$$x^3 + y^3 = kz^3 \tag{53}$$

这里 k 是已知自然数. 当 $k=1$ 时, 即方程(48), 它无非零整数解. 当 $k=2$ 时, 已证方程(53)的非零整数解只有 $x=y=z$, 这里 z 是不等于零的任意整数. 由此直接推出, 当 $k=2n^3$(n 是自然数)时, 方程(53)的非零整数解只有 $x=y=nz$, 这里 z 是不等于零的任意整数. 因此, 我们再假定 k 不是形如 $k=2n^3$ 的自然数(n 是自然数).

对自然数 $k(2<k\leqslant10)$, 方程(53)只有对 $k=6$(例如, $x=17, y=37, z=21$), $k=7$(例如, $x=-17, y=73, z=38$), $k=9$(例如, $x=2, y=z=1$)时, 才有整数解.

如果方程(53)有非零整数解, 那么显然这样的整数解有无穷多组, 只要将已知解 (x,y,z) 的 x,y,z 都乘以任意一个的非零整数就可得到这些解. 但是可以证明, 如果 k 不是形如 $2n^3$ 的自然数(n 为自然数)时, 那么从方程(53)的每一组非零整数 x,y,z 可以得到其他的非零整数解 x_1,y_1,z_1, 并且 x_1,y_1,z_1 与 x,y,z 不成比例. 这可由恒等式

$$[x(x^3+2y^3)]^3+[-y(2x^3+y^3)]^3=(x^3+y^3)(x^3-y^3)^3$$

得到. 如果取

$$x_1=x(x^3+2y^3), \quad y_1=-y(2x^3+y^3), \quad z_1=z(x^3-y^3)$$

$$(54)$$

那么根据方程(53)和公式(54)得

$$x_1^3+y_1^3=kz_1^3$$

并且数(54)不等于零. 实际上, 如果 $x_1=0$, 那么考虑

72

到 $x\neq0$, 有 $x^3+2y^3=0$, 或 $x^3=-2y^3$. 由于 $y\neq0$, 所以这不可能. 同样也可证明等式 $y_1=0$ 也不成立. 最后, 如果 $z_1=0$, 那么考虑到 $z\neq0$, 我们有 $x^3-y^3=0$ 或 $x^3=y^3$. 即由(53), 得 $2x^3=kz^3$, 容易证明 $k=2n^3$(n 是自然数), 这与假定矛盾. 最后, 容易看出数(54)与 x,y,z 不成比例.

例如, 由方程 $x^3+y^3=9z^3$ 的解 $x=2,y=1,z=1$ 得到该方程的一组新解 $x=20,y=-17,z=7$.

容易证明, 要使方程(53)有非零整数解 x,y,z, 当且仅当 k 是形如 $\dfrac{ab(a+b)}{c^3}$ 的自然数, 这里 a,b,c 是非零整数.

事实上, 这一条件是必要的. 因为如果非零整数 x,y,z 满足方程(53), 那么取 $a=x^3,b=y^3,c=xyz$, 并由(53), 得 $ab(a+b)=kc^3$.

由恒等式

$$(a^3-b^3+6a^2b+3ab^2)^3+(b^3-a^3+6ab^2+3a^2b)^3=ab(a+b)3^3(a^2+ab+b^2)^3$$

可得到这一条件是充分的证明. 如果

$$a^3-b^3+6a^2b+3ab^2=0$$

那么用 d 表示 a 和 b 的最大公约数, 则 $a=da_1,b=db_1$, 这里 a_1 和 b_1 是互质的非零整数, 这时我们得到

$$a_1^3-b_1^3+6a_1^2b_1+3a_1b_1^2=0$$

由此推得 a_1^3 能被 b_1 整除, b_1^3 能被 a_1 整除, 考虑到 a_1 和 b_1 互质, 可推得 $a_1=\pm1,b_1=\pm1$, 于是 $a=\pm b$. 当 $a=-b$ 时, 有

73

$$k = \frac{ab(a+b)}{c^3} = 0$$

这与假定 k 是自然数矛盾. 当 $a=b$ 时,有 $k=\dfrac{2b^3}{c^3}$,容易推得 $k=2n^3$(n 是自然数). 此时,方程(53)有自然数解 $x=y=n$, $z=1$. 同样可以处理 $b^3-a^3+6ab^2+3a^2b=0$ 的情况.

最后, $a^2+ab+b^2=0$ 是不可能的. 因为
$$4(a^2+ab+b^2) = (2a+b)^2 + 3b^2 \geqslant 3b^2 > 0 \quad (b \neq 0)$$
所以数

$$x = \frac{a^3 - b^3 + 6a^2b + 3ab^2}{c}$$

$$y = \frac{b^3 - a^3 + 6ab^2 + 3a^2b}{c}$$

$$z = 3(a^2 + ab + b^2)$$

不等于零,并且由上面的恒等式以及 $k = \dfrac{ab(a+b)}{c^3}$ 得 x, y, z 满足方程(53),因此条件的充分性得证.

8. 已证明方程
$$x^3 + (x+1)^3 = y^2$$
只有 $x=0, y=1$ 和 $x=1, y=3$ 这两组整数解.

方程
$$x^3 + y^3 = z^2$$
有无穷多组整数解 x, y, z 是因为 $1^3 + 2^3 = 3^2$,而如果数 x, y, z 满足方程 $x^3 + y^3 = z^2$,那么当 d 为整数时,我们有恒等式
$$(xd^2)^3 + (yd^2)^3 = (zd^3)^2$$

由该方程的已知解,利用恒等式

$$(x^3+4y^3)^3-(3x^2y)^3=(x^3+y^3)(x^3-8y^3)^2$$

也可以得到其他解.

如果取

$$x_1=x^3+4y^3, \quad y_1=-3x^2y, \quad z_1=(x^3-8y^3)z$$

则有

$$x_1^3+y_1^3=z_1^2$$

例如从 $x=1,y=2,z=3$ 可得解

$$33^3+(-6)^3=(-3^3\times 7)^2$$

9. П. Эрдеш 曾提出以下猜测:对每一个自然数 $k>1$,存在满足方程

$$\frac{4}{k}=\frac{1}{x}+\frac{1}{y}+\frac{1}{z}$$

的自然数 x,y,z. P. Облат 发现,如果对所有的质数 k 证明成功,那么这一断言也可证出,并且他证明了当 $k<106\,129$ 时,Эрдеш 的猜测正确. Л. A. Розати 已证明当 $106\,129\leqslant k<141\,649$ 时,这一猜测正确.

10. 假定自然数 x,y,z 满足方程

$$x^4+ky^4=z^2 \tag{55}$$

这里 k 是已知非零整数.我们容易验证恒等式

$$k(2xyz)^4=[(x^4+ky^4)^2+4kx^4y^4-(x^4-ky^4)^2]2z^4$$

因为由(55),得

$$z^4=x^8+2kx^4y^4+k^2y^8=4kx^4y^4+(x^4-ky^4)^2$$

所以

$$k(2xyz)^4=[z^4+4kx^4y^4-(x^4-ky^4)^2]\times$$
$$[z^4+4kx^4y^4+(x^4-ky^4)^2]$$

或

$$k(2xyz)^4=(z^4+4kx^4y^4)^2-(x^4-ky^4)^4$$

得

$$(x^4-ky^4)^4+k(2xyz)^4=(z^4+4kx^4y^4)^2 \quad (56)$$

取

$$x_1=\mid x^4-ky^4\mid,y_1=2xyz,z_1=\mid z^4+4kx^4y^4\mid$$
$$(57)$$

如果 $k=\pm a^4$(a 是自然数),那么方程(55)给出 $x^4\pm(ay)^4=z^2$. 已知这对自然数 x,y,z 是不可能的(见方程(50)),于是 k 或 $-k$ 都不是自然数的四次方,因此根据公式(57),得 x_1,y_1 是自然数.

根据方程(56),公式(57)满足方程 $x_1^4+ky_1^4=z_1^2$,而因为 x_1,y_1 是自然数,所以数 k 就不可能是自然数的四次方,于是数 z_1 也不是零,因此它也是自然数.

再假定 k 是偶数,А. Шинцель 指出:可以证明,如果方程(55)有自然数解 $x,y,z(x,ky$ 互质),那么这样的解有无穷多组.

所以,我们假定 x,y,z 是满足方程(55)的自然数,并且 x,ky 互质.由公式(57)确定的数 x_1,y_1,z_1 是自然数,并且满足方程(55).

如果数 x_1 和 ky_1 不互质,那么它们有公共的质约数 p,由公式(57)得,p 是数 x^4-ky^4 和 $ky_1=2kxyz$ 的约数.因此,p 应该是数 $x,2ky,z$ 中至少一个的约数.

如果 p 是数 x 的约数,因为 p 也是 x^4-ky^4 的约数,所以 p 一定是 ky^4 的约数,于是也是 ky 的约数,这与假定 x 与 ky 互质矛盾.

76

如果 p 是数 $2ky$ 的约数，那么由于 k 是偶数，所以 p 也是 ky 的约数，于是 p 也是 ky^4 的约数．因为 p 是数 x^4-ky^4 的约数，所以 p 应该是数 x^4 的约数，也是 x 的约数，这与假定 x 与 ky 互质矛盾．

最后，如果 p 是 z 的约数，由于方程(55)，那么它也是数 x^4+ky^4 的约数，于是因为 p 是数 x^4-ky^4 的约数，所以 p 应该是数 $2x^4$ 和 $2ky^4$ 的约数．考虑到 x 与 ky 互质，所以 x 是奇数，得出 x^4-ky^4 也是奇数，所以 p 是数 x 和 ky 的约数，这与假定 x 与 ky 互质矛盾．

这样，数 x_1 与 ky_1 互质．

因此，根据公式(56)(57)，从方程(55)的每一组解 $x,y,z(x$ 与 ky 互质)可得到新的解 x_1,y_1,z_1，并且 x_1 与 ky_1 互质，且 $y_1>y$．由此可知，这样的解也有无穷多组．这就是所要证明的．

特别地，取 $k=8$ 时，方程
$$x^4+8y^4=z^2$$
显然有解 $x=y=1,z=3$，这里 x 与 $ky=8y$ 互质．于是它有无穷多组 x 与 $8y$ 互质的自然数解 x,y,z．

从解 $x=y=1,z=3$，根据公式(57)得到新的解 $x_1=7,y_1=6,z_1=113$．由此进一步得到：$x_2=7\,967$，$y_2=9\,492,z_2=262\,621\,633$．但方程 $x^4+8y^4=z^2$ 还有其他解，例如：$x=239,y=13,z=57\,123=239^2+2$．由此用上述方法也可求得无穷多组其他的解．

方程 $x^4+8y^4=z^2$ 的解将在 §15 中用到．

现在取 $k=-2$，方程

$$x^4 - 2y^4 = z^2$$

有解 $x=3, y=2, z=7$. 这里 x 和 $ky=-2y$ 互质, 于是它有无穷多组 x 和 $2y$ 互质的解 x, y, z. 根据公式(57) 由解 $x=3, y=2, z=7$, 得解 $x_1=113, y_1=84, z_1=7\,967$, 等等.

我们还发现, 如果

$$x^4 - 2y^4 = \pm z^2$$

那么

$$z^4 + 8(xy)^4 = (x^4 - 2y^4)^2 + 8x^4 y^4 = (x^4 + 2y^4)^2$$

因此, 从方程 $x^4 - 2y^4 = \pm z^2$ 的每一组解都可以得到方程 $x^4 + 8y^4 = z^2$ 的解. 例如, 从方程 $x^4 - 2y^4 = z^2$ 的解 $x=3, y=2, z=7$ 得到方程 $x^4 + 8y^4 = z^2$ 的解 $(7, 6, 113)$.

另外, 容易证明从方程 $x^4 + 8y^4 = z^2$ 的每一组解也可以得到方程 $x^4 - 2y^4 = z^2$ 的解. 这可由以下恒等式推出

$$(x^4 + 8y^4)^2 - 2(2xy)^4 = (x^4 - 8y^4)^2$$

所以, 如果 $x^4 + 8y^4 = z^2$, 那么取 $u=z, v=2xy$, $w=|x^4 - 8y^4|$, 得 $u^4 - 2v^4 = w^2$. 例如, 从方程 $x^4 + 8y^4 = z^2$ 的解 $x=7, y=6, z=113$ 得到方程 $u^4 - 2v^4 = w^2$ 的解 $u=113, v=84, w=7\,967$.

从方程 $x^4 + 8y^4 = z^2$ 的解得到方程 $u^4 - 2v^4 = w^2$ 的解的证明比较困难. 设

$$u = |zx \mp 2x^2 y \mp 8y^3|$$

$$v = |zx \mp 4x^2 y \pm 8y^3|$$

$$w = |48zxy^3 \pm x^6 \mp 24x^4 y^2 \mp 8x^2 y^4 \mp 64y^6|$$

78

例如,这样从方程 $x^4+8y^4=z^2$ 的解 $x=7,y=6,z=$ 113 取上面的符号可得到方程 $2u^4-v^4=w^2$ 的解 $u=$ 1 525,$v=1\ 343$,$w=2\ 750\ 257$.

11. 列举一些有无穷多组自然数解的二元三次方程的例子是很容易的. 例如方程

$$x^2-y^3=0$$

就有无穷多组自然数解 x,y,并且它的所有的解可表示为 $x=t^3$,$y=t^2$,这里 t 是任意自然数.

但是要回答给定的方程(尽管是二元三次方程)的解是有限组还是无限组自然数解,一般来说,比较困难.

容易证明,方程

$$x^2+y^4=2z^3$$

有无穷多组自然数解 x,y,z,换句话说,存在无穷多组自然数 x,y,z,使 x^2,z^3,y^4 成等差数列. 因为 $13^2+3^4=2\times5^3$,所以由此可得,对于任意自然数 n,数 $x=13n^6$,$y=3n^3$,$z=5n^4$ 都满足上述方程. 这一方程还有其他解. 例如 $x=352,y=8,z=40$ 或 $x=46\ 211$ 481,$y=5\ 681$,$z=116\ 681$.

A. Шинцель 指出,由公式

$$x=a\left(\frac{a^2+b^2}{2}\right)^4b^3,\quad y=\left(\frac{a^2+b^2}{2}\right)^2b^2,\quad z=\left(\frac{a^2+b^2}{2}\right)^3b^2$$

(这里 a,b 是自然数)确定了数 x,y,z 后,可以得到满足方程 $x^2+y^4=2z^3$ 的自然数解,并且如果 $a<b$,那么有 $x^2<z^3<y^4$;如果 $a>b$,那么有 $x^2>z^3>y^4$. 例如,当 $a=1,b=3$ 时,得 $x=5^4\times3^3$,$y=5^2\times3^2$,$z=5^3\times3^2$;当 $a=3,b=1$ 时,得 $x=3\times5^4$,$y=5^2$,$z=5^3$.

方程 $x^2+y^4=2z^3$ 的有理数解我们将在 §15 中研究.

已经证明了方程 $2x^4-1=z^2$ 只有 $x=z=1$ 和 $x=13, z=239$ 这两组自然数解.

但方程

$$2x^4-y^4=z^2$$

有无穷多组自然数解 x, y, z(x 和 y 互质),在解 $x=y=z=1$ 和 $x=13, y=1, z=239$ 后面的一组解(按 x 的大小)是 $x=1\,525, y=1\,343, z=2\,750\,257$,再后面一组解是 $x=2\,165\,017, y=2\,372\,159, z=3\,503\,833\,734\,241$. 逐个求这个方程的解非常复杂①.

求三角形数的平方仍是三角形数的问题归结为以下方程

$$(x^2+x)^2=2(y^2+y)$$

已经证明,这个方程除了 $x=y=1$ 和 $x=3, y=8$ 以外没有其他自然数解.

12. 由四个未知数 x, y, u, v 的两个方程组成的方程组

$$x^2+y^2=u^4, \quad x+y=v^2$$

有无穷多组自然数解 x, y, u, v. 其中最小的一组自然数解是费马找到的②

$$x=4\,565\,486\,027\,761, \quad y=1\,061\,652\,293\,520$$
$$u=2\,165\,017, \quad v=2\,372\,159$$

---

① 这一方法的更详细的阐述见谢尔品斯基的《Пифагоровы треугольники》.

② 见谢尔品斯基的《Пифагоровы треугольники》.

13. 现在研究方程
$$x^m = y^n$$

设 m 和 n 是已知自然数. 现在设法寻求方程 $x^m = y^n$ 的所有自然数解 x, y. 设 d 是数 m 和 n 的最大公约数, 那么有 $m = m_1 d, n = n_1 d, m_1$ 和 n_1 是互质的自然数. 关于自然数 x 和 y 的方程 $x^m = y^n$ 或 $(x^{m_1})^d = (y^{n_1})^d$ 等价于方程 $x^{m_1} = y^{n_1}$, 这里指数 m_1 和 n_1 互质.

所以可以假定 m 和 n 互质. 但在 §2 里已证明过存在自然数 u, v, 使 $mu - nv = 1$. 现在假定 x, y 是使 $x^m = y^n$ 的自然数, 这时有

$$x = x^{mu-nv} = \frac{x^{mu}}{x^{nv}} = \left(\frac{y^u}{x^v}\right)^n$$

设 $\dfrac{r}{s}$ 是等于 $\dfrac{y^u}{x^v}$ 的既约分数; 这里 r 和 s 互质, 并且 $xs^n = r^n$. 这只有当 $s = 1$ 时才可能. 因此数 $\dfrac{y^u}{x^v}$ 是自然数; 设 $\dfrac{y^u}{x^v} = k$, 此时有 $x = k^n, y^n = x^m = k^{mn}$, 即 $y = k^m$.

由此容易推出方程 $x^m = y^n$ (m 和 n 互质) 的所有自然数解都由公式

$$x = k^n, \qquad y = k^m$$

给出. 这里 k 是任意自然数.

14. Е. Т. Белл (1947 年) 研究了方程
$$xyzw = t^2 \tag{58}$$
的自然数解 x, y, z, w, t.

假定自然数 x, y, z, w, t 满足方程 (58). 设 $a_1^2, a_2^2, a_3^2, a_4^2$ 分别是能被 x, y, z, w 整除的最大平方数; 设 $x = a_1^2 x_1, y = a_2^2 y_1, z = a_3^2 z_1, w = a_4^2 w_1$. 数 x_1, y_1, z_1, w_1

是自然数. 它们不能被任何大于 1 的自然数的平方整除. 容易看出, 它们的积 $x_1 y_1 z_1 w_1$ 是自然数的平方 (因为 $(a_1 a_2 a_3 a_4)^2 x_1 y_1 z_1 w_1 = t^2$). 因此积 $x_1 y_1 z_1 w_1$ 的质约数或者是数 x_1, y_1, z_1, w_1 中两个数的约数, 或者是所有四个数的约数.

分别用 $a_5, a_6, a_7, a_8, a_9, a_{10}$ 表示只是数 x_1, y_1; x_1, z_1; x_1, w_1; y_1, z_1; y_1, w_1; z_1, w_1 的所有质约数的积, 最后 a_{11} 表示只是 x_1, y_1, z_1, w_1 的所有质约数的积, 这样有

$$x_1 = a_5 a_6 a_7 a_{11}, \quad y_1 = a_5 a_8 a_9 a_{11}$$
$$z_1 = a_6 a_8 a_{10} a_{11}, \quad w_1 = a_7 a_9 a_{10} a_{11}$$

于是

$$x = a_1^2 a_5 a_6 a_7 a_{11}, \quad y = a_2^2 a_5 a_8 a_9 a_{11}$$
$$z = a_3^2 a_6 a_8 a_{10} a_{11}, \quad w = a_4^2 a_7 a_9 a_{10} a_{11}$$

所以

$$t = a_1 a_2 a_3 a_4 a_5 a_6 a_7 a_8 a_9 a_{10} a_{11}^2$$

反之, 容易验证, 当 $a_1, a_2, \cdots, a_{11}$ 是任意自然数时, 用这些公式确定了 x, y, z, w, t 后, 就得到了方程 (58) 的自然数解 x, y, z, w, t. 因此, 这些包含 11 个任意自然数参数的公式就给出了方程 (58) 的所有自然数解.

如果取 $a_5 a_{11} = a_5'$, $a_{10} a_{11} = a_{10}'$, 那么在这里任意参数可以减少一个. 这时关于 x, y, z, w, t 的公式包含 10 个任意自然数参数 $a_1, a_2, a_3, a_4, a_5', a_6, a_7, a_8, a_9, a_{10}'$. 这与 Ю. Белл 得到的公式一致 (不加证明).

Ю. Бровкин 提出了求方程

$$xy=t^3$$

的自然数解 x,y,t 的问题. 可以证明这一方程的所有自然数解都包括在公式

$$x=uv^2z^3, \quad y=u^2vw^3, \quad t=uvzw$$

中,这里 u,v,z,w 是任意自然数.

A. Шинцель 曾给出方程

$$x_1x_2\cdots x_n=t^k$$

的所有自然数解 $x_1,x_2,\cdots,x_n,t$ 的公式. 这里 $n\geqslant 2$ 和 k 是已知自然数. 这一公式包含

$$\binom{n+k-1}{k}=\frac{(n+k-1)(n+k-2)\times\cdots\times n}{1\times 2\times\cdots\times k}$$

个任意自然数参数.

例如,当 $n=2,k=3$ 时有 4 个参数,这就是上面对方程 $xy=t^3$ 的公式. 当 $n=4,k=2$ 时有 10 个参数,如 Белл 的公式. 当 $n=5,k=2$ 时有 15 个参数. 当 $n=k=3$ 时有 10 个参数.

§14 指数方程

关于自然数的对数(例如以 10 为底时)是有理数还是无理数的问题归结为有两个未知数的简单的指数方程. 假定问题是以 10 为底数 2 的对数. 显然这个对数是正数, 如果它是有理数, 即呈 $\frac{x}{y}$ 形, 这里 x 和 y 是互质的自然数, 那么根据对数的定义, 我们有

$$10^{\frac{x}{y}} = 2$$

所以

$$10^x = 2^y$$

容易看出, 这个方程无自然数解. 事实上, 对于每一个自然数 x, 方程的左边都能被 5 整除. 右边是 2 的自然数次幂, 不可能被 5 整除. 由此可知, 以 10 为底 2 的对数是无理数.

一般地可以证明, 只有形如 10^k(k 是整数)的数是正有理数, 其对数(以 10 为底)是整数.

与熟知的等式 $3^2 + 4^2 = 5^2$ 有关, 我们提出方程

$$3^x + 4^y = 5^z$$

的自然数解 x, y, z. 可以用初等的方法证明这一方程只有唯一的自然数解 $x = y = z = 2$. Л. Юшманович 证明了方程

$$5^x + 12^y = 13^z, \quad 7^x + 24^y = 25^z$$

84

$$9^x + 40^y = 41^z, \quad 11^x + 60^y = 61^z$$

具有类似的性质.并且提出了至今尚未获得解决的问题:是否存在自然数 a,b,c,使 $a^2+b^2=c^2$,并使 $a^x+b^y=c^z$ 有不同于 $x=y=z=2$ 的自然数 x,y,z.

已经证明,方程 $a^x+b^y=c^z$ 总有有限组(特殊情况是零组)整数解 x,y,z.这里 a,b,c 是非零整数,且各不相同.

А. Шинцель 证明了方程

$$2^x + 3^y = 5^z$$

只有 $x=4,y=z=2$ 和 $x=y=z=1$ 这两组自然数解.

А. Вакулин 证明了方程

$$5^x + 3 = 2^y$$

只有 $x=1,y=3$ 和 $x=3,y=7$ 这两组自然数解.由此可知,分数 $\dfrac{1}{n(n+3)}$ 除了 n 为 $1,2,5,125$ 外不可能是十进制有限小数.

求既是梅森数(形如 2^n-1 的数)又是三角形数的问题归结为求方程

$$2^x = 7 + y^2$$

的自然数解.我们已经知道,这一方程有五组自然数解 x,y

$$(3,1),(4,3),(5,5),(7,11),(15,181)$$

Ю. Бровкин 和 А. Шинцель 证明了这一方程无其他解.

到 1950 年为止还不知道方程

$$2^{2x-1} - 1 = xy \tag{59}$$

除了 $x=y=1$ 以外是否还有其他自然数解 x,y. Д. Т.

Лемер 首先求出了这种解,即 $x=80\ 519$(相应的自然数 y 由方程(59)给出). C. Мациаг 发现了另一组解是 $x=80\ 519\times2\ 089$,而 Н. Г. Беегер 求出解 $x=107\ 663$,并证明了方程(59)有无穷多组自然数解 x,y. 这一算术思想在于存在无穷多个使 2^n-2 能被 n 整除的偶数 n.

可以证明方程

$$x^y=y^x$$

只有一组自然数解 $x,y\ (x<y)$,即 $x=2,y=4$(见 §15).

方程

$$x^xy^y=z^z$$

有无穷多组不等于 1 的自然数解 x,y,z. 1940 年中国数学家柯召求出了当 n 为自然数时

$$x=2^{2^{n+1}(2^n-n-1)+2n}(2^n-1)^{2(2^n-1)}$$
$$y=2^{2^{n+1}(2^n-n-1)}(2^n-1)^{2(2^n-1)+1}$$
$$z=2^{2^{n+1}(2^n-n-1)+n+1}(2^n-1)^{2(2^n-1)+1}$$

满足这一方程. 例如当 $n=2$ 时,得到自然数解 $x=2^{12}\times3^6=2\ 985\ 984,y=2^8\times3^7=559\ 872,z=2^{11}\times3^7=4\ 478\ 976$. 柯召证明了当 x 和 y 互质时,方程 $x^xy^y=z^z$ 没有大于 1 的自然数解. 我们不知道,是否存在奇数 $x>1,y>1$ 和 z,使

$$x^xy^y=z^z$$

方程

$$x^z-y^t=1 \tag{60}$$

有没有除了 $x=3,y=2,z=2,t=3$,并且大于 1 的整数解的问题几百年来一直没有被解决. 不存在这样的

86

解的假定称为 Catalan 定理. P. Гампель 在不久前证明了除了上述的解以外, 大于 1, 并且 $x-y=\pm 1$ 的其他整数解 x, y, z, t 是不存在的.

但是容易证明, 如果大于 1 的整数 x, y, z, t, 满足方程(60), 且不同于数组: $x=3, y=2, z=2, t=3$, 那么 x 和 y 都不是 2 的自然数次幂.

事实上, 假定 $x=2^r$, 那么有 $2^{rz}=y^t+1$. 因为 $z>1$, 所以数 y 是奇数, 于是它的奇数次幂除以 8 余 1. 因此, 如果 t 是偶数, 那么数 y^t+1 除以 8 余 2, 这不能是数 2^{rz} ($z>1$), 这与等式 $2^{rz}=y^t+1$ 矛盾. 如果 t 是奇数, 那么

$$y^t+1=(y+1)(y^{t-1}-y^{t-2}+\cdots-y+1)$$

并且上述等式右边的第二个因式是奇数个奇数的代数和, 于是也是奇数. 根据等式 $y^t+1=2^{rz}$, 第二个因式应该等于 1, 所以 $y^t+1=y+1$, 因此 $t=1$, 这与假定矛盾. 所以假定 $x=2^r$ 在任何情况下都产生矛盾.

现在假定 $y=2^s$, 那么有 $2^{st}=x^z-1$. 如果 $st=2$, 那么有 $x^z=5$. 当 $z>1$ 时, 不可能成立. 如果 $st=3$, 我们有 $x^z=9$. 由 $z>1$, 得 $x=3, z=2$, 也与假定数组 x, y, z, t 不是 $(3,2,2,3)$ 矛盾. 所以 $st>3$. 因此数 x 是大于 1 的奇数. 如果 z 是偶数, $z=2l$, 那么因为 x 是大于 1 的奇数, 我们有 $x^l=2k+1$ (k 为自然数), 于是

$$2^{st}=x^{2l}-1=(2k+1)^2-1=4k(k+1)$$

在数 k 和 $k+1$ 中有一个是奇数, 并且是 2st 的约数, 所以应该等于 1. 等式 $k+1=1$ 不可能成立, 因为 k 是自然数. 这样 $k=1$, 于是 $2^{st}=8, st=3$, 这与 $st>3$ 矛

盾. 所以假定 $y=2^s$ 推出矛盾.

这样, 我们证明了方程

$$2^z - y^t = 1$$

没有大于 1 的自然数解 z, y, t, 而方程

$$x^z - 2^t = 1$$

大于 1 的自然数解 x, z, t 只有 $x=3, z=2, t=3$ 这一组解.

§15　方程的有理数解

求一元任意次有理系数方程的所有有理数解并不困难.

事实上,假定有理数 ω 满足整系数 $a_0, a_1, \cdots, a_m$ 的方程

$$a_0 x^m + a_1 x^{m-1} + \cdots + a_{m-1} x + a_m = 0$$

我们设 $a_0 \neq 0$,此外 $a_m \neq 0$. 排除了根 $x = 0$,把有理数 ω 表示为既约分数 $\dfrac{r}{s}$ 的形式,分母 s 是自然数,分子 r 是整数.

由上述方程得

$$a_0 r^m = -(a_1 r^{m-1} + a_2 r^{m-2} s + \cdots + a_{m-1} r s^{m-2} + a_m s^{m-1}) s$$

$$a_m s^m = -(a_0 r^{m-1} + a_1 r^{m-2} s + \cdots + a_{m-1} s^{m-1}) r$$

第一个等式证明了数 a_0 能被 s 整除,因为 r, s 互质,即 r^m, s 互质,所以 s 是 a_0 的约数.第二个等式证明了数 $a_m s^m$ 能被 r 整除,由此,考虑到 s^m 与 r 互质,得 r 是 a_m 的约数.

上述方程的所有有理数根都可用既约分数 $\dfrac{r}{s}$ 代替 x 检验得到,这里 r 是数 a_m 的任意约数,s 是数 a_0 的任意约数.

求 m 元一次整系数的方程的所有有理数根也是

不难的.

如果有理数 $x_1, x_2, \cdots, x_m$ 满足方程

$$a_1 x_1 + a_2 x_2 + \cdots + a_m x_m = b$$

这里 $a_1, a_2, \cdots, a_m, b$ 是整数,那么把 $x_1, x_2, \cdots, x_m$ 通分,设公分母为自然数 y_{m+1},得 $x_k = \dfrac{y_k}{y_{m+1}}$,这里 y_k 是整数($k = 1, 2, \cdots, m$),得到 $m+1$ 元一次方程

$$a_1 y_1 + a_2 y_2 + \cdots + a_m y_m - b y_{m+1} = 0$$

我们已经会求这个方程的整数解 $y_1, y_2, \cdots, y_m, y_{m+1}$.

另外,如果 $y_1, y_2, \cdots, y_m, y_{m+1}$ 是上述方程的任意整数解,这里 y_{m+1} 是自然数,那么 $x_k = \dfrac{y_k}{y_{m+1}}$($k = 1, 2, \cdots, m$),给出方程 $a_1 x_1 + a_2 x_2 + \cdots + a_m x_m = b$ 的有理数解.

至于多于一个未知数的高次方程,有时求有理数解的问题要比求整数解容易得多.

例如,求方程

$$x^2 - D y^2 = 1$$

的非零整数解经常是非常困难的(例如当 $D = 991$ 时),这里 D 是已知自然数,但不是自然数的平方(于是也不是有理数的平方),但是这一方程的一切有理数解是容易确定的.

事实上,假定有理数 x 和 y 不等于零,并满足上述方程,那么有 $x \neq 1$. 因为如果 $x = 1$,那么 $D y^2 = 0$,于是 $y = 0$,这与假定 $y \neq 0$ 矛盾. 设 $r = \dfrac{1-x}{y}$,这是不等于零的有理数. 因为 $x = 1 - ry$,所以由上述方程,得

$(1-ry)^2-Dy^2=1.$ 由此得

$$-2ry+r^2y^2-Dy^2=0$$

由 $y\neq0$,得

$$-2r+(r^2-D)y=0$$

因为 $r^2-D\neq0$(由于 D 不是有理数的平方),所以 $y=\dfrac{2r}{r^2-D}$,由此可得

$$x=1-ry=-\frac{r^2+D}{r^2-D}$$

另外,如果对任意不等于零的有理数 r,取

$$x=-\frac{r^2+D}{r^2-D},\quad y=\frac{2r}{r^2-D}$$

那么得到不等于零的有理数 x,y,并满足方程 $x^2-Dy^2=1$. 这可从恒等式

$$(r^2+D)^2-D(2r)^2=(r^2-D)^2$$

直接得到. 所以方程

$$x^2-Dy^2=1 \quad (D\text{ 是非平方数的自然数})$$

的所有非零有理数解可由公式

$$x=\frac{r^2+D}{D-r^2},\quad y=\frac{2r}{r^2-D}$$

得到,这里 r 是不等于零的有理数,其中一组解是

$$x=\frac{1+D}{D-1},\quad y=\frac{2}{1-D}$$

现在证明方程

$$x(x+1)=2y^4 \tag{61}$$

有无穷多组正有理数解 x,y.

在 §13 中,我们证明了方程

$$u^4+8v^4=t^2 \tag{62}$$

有无穷多组自然数解 u,v,t,这里 u 和 v 互质.对这样的解取

$$x=\frac{t-u^2}{2u^2}, \quad y=\frac{v}{u} \tag{63}$$

可得 x 和 y 是正有理数(由于(方程62),$t^2>u^4$),并且 y 可用既约分数表示.最后,根据(63)(62)得,数 x 和 y 满足方程(61).

于是,因为方程(62)(已在§13中证明了)有无穷多组自然数解 u,v,t.这里 u 和 v 互质,所以方程(61)有无穷多组有理数解.

例如,在§13中求得的方程(62)的自然数解(7, 6,113),(239,13,57 123),(7 967,9 492,262 621 633)可得以下有理数解 x,y:

$$\left(\frac{32}{7^2},\frac{6}{7}\right),\left(\frac{1}{239^2},\frac{13}{239}\right),\left(\frac{99\ 574\ 272}{7\ 967^2},\frac{9\ 492}{7\ 967}\right)$$

已经证明了方程

$$2u^4-1=v^2$$

的所有有理数解 u,v 可从解 $u_1=v_1=1$ 出发,反复使用公式

$$\pm u=\frac{u_1^2\,(2u_1^2+1)^2+(u_1\pm v_1)^2}{(2u_1^2+1)^2-2u_1^2\,(u_1\pm v_1)^2}$$

得到.用这一方法得到解

$$u=13,v=239;u=\frac{1\ 525}{1\ 343},v=\frac{2\ 750\ 257}{1\ 343^2};\cdots$$

容易证明方程组

$$x^2+y=z^2, \quad x+y^2=t^2 \tag{64}$$

没有自然数解 x,y,z,t.实际上,如果 $x^2+y=z^2(x,y,z$ 是自然数),那么 $z>x$,于是 $z\geqslant x+1$,由此可得

$$z^2 \geqslant x^2 + 2x + 1$$

所以

$$y = z^2 - x^2 \geqslant 2x + 1 > 2x > x$$

同样可以得到 $x > y$，即推出矛盾.

但方程组（64）有无穷多组正有理数解. 实际上，如果对自然数 $n > 8$，取

$$x = \frac{n^2 - 8n}{16(n+1)}, \quad y = \frac{n^2 + 8}{8(n+1)}$$

$$z = \frac{(n+4)^2}{16(n+1)}, \quad t = \frac{n^2 + 2n - 8}{n(n+1)}$$

那么 x, y, z, t 将是满足方程（64）的正有理数.

容易看出，方程

$$x^3 + y^3 = x^2 + y^2$$

只有 $x = y = 1$ 这一组自然数解. 因为当 $x > 1$ 时，有 $x^3 > x^2$，于是

$$x^3 + y^3 > x^2 + y^2$$

同样当 $y > 1$ 时，也有这种情况发生. 但是对于正有理数 x, y 来说，这一方程有无穷多组有理数解，并且很容易把所有的解求出.

事实上，假定正有理数 x, y 满足上述方程. 设 $\frac{y}{x} = w$；w 是正有理数. 根据上述方程，有

$$x^3 (1 + w^3) = x^2 (1 + w^2)$$

由此得

$$x = \frac{1 + w^2}{1 + w^3}$$

于是

$$y = \frac{1+w^2}{1+w^3} w$$

另外,容易验证,在由任意正有理数 w 用上述公式确定 x 和 y 后,我们就得到了上述方程的正有理数解 x 和 y. 也容易看出,当 w 取不同的值时,所得到的解也不同,这是因为比值 $\frac{y}{x}$ 不同了.

当 $w=1$ 时,我们得到了自然数解 $x=y=1$;当 $w=2$ 时,得到解 $x=\frac{5}{9}, y=\frac{10}{9}$;当 $w=\frac{1}{2}$ 时,得到解 $x=\frac{10}{9}, y=\frac{5}{9}$;当 $w=3$ 时,得到解 $x=\frac{5}{14}, y=\frac{15}{14}$;当 $w=\frac{2}{3}$ 时,得到解 $x=\frac{39}{35}, y=\frac{26}{35}$.

可以证明(虽然很不容易),方程 $x^3+y^3=z^3$ 没有非零有理数解. 相反地,求方程

$$x^3 + y^3 = z^3 + w^3 \tag{65}$$

的有理数解 x, y, z, w 却并不困难.

设

$$x+y=s, \quad x-y=t, \quad z+w=u, \quad z-w=v \tag{66}$$

由(65)得

$$s(s^2 + 3t^2) = u(u^2 + 3v^2) \tag{67}$$

所以,如果有理数 x, y, z, w 满足方程(65),那么由公式(66)确定的数 s, t, u, v 也是有理数,并满足方程(67). 反之,容易验证,如果 s, t, u, v 是有理数,并满足方程(67),那么由公式(66)解得的数 x, y, z, w(即 $x=\frac{1}{2}(s+t), y=\frac{1}{2}(s-t), z=\frac{1}{2}(u+v), w=$

$\frac{1}{2}(u-v)$）也是有理数，并满足方程(65).

于是方程(65)的有理数解 x,y,z,w 等价于方程(67)的有理数解 s,t,u,v. 现在我们来研究方程(67)的有理数解.

容易验证恒等式

$$(a^2+3b^2)(c^2+3d^2)=(ac+3bd)^2+3(bc-ad)^2$$
(68)

现在假定有理数 s,t,u,v 满足方程(67). 如果 $u=0$（或 $s=0$），那么由方程(67)得 $s=0$（或 $u=0$）. 另外，当 $u=s=0,t$ 和 v 为任意有理数时都满足方程(67). 因此，我们还可以假设 $u\neq0$ 和 $s\neq0$.

设

$$\frac{s}{u}=X,\quad \frac{t}{u}=Y,\quad \frac{v}{u}=Z$$

它们都是有理数，$X\neq0$. 由方程(67)得

$$X(X^2+3Y^2)=1+3Z^2$$
(69)

但根据恒等式(68)，有

$$(X^2+3Y^2)(1+3Z^2)=(X+3YZ)^2+3(Y-XZ)^2$$

由此，考虑到 $X^2+3Y^2\geqslant X^2>0$. 由(69)得

$$X=\left(\frac{X+3YZ}{X^2+3Y^2}\right)^2+3\left(\frac{Y-XZ}{X^2+3Y^2}\right)^2$$
(70)

设

$$M=\frac{X+3YZ}{X^2+3Y^2},\quad N=\frac{Y-XZ}{X^2+3Y^2}$$
(71)

M,N 都是有理数，容易验证，有

$$MX+3NY=1,\quad MY-NX=Z$$
(72)

由式(70)和(71)，得

$$X = M^2 + 3N^2 \tag{73}$$

因为 $X \neq 0$，所以 M 和 N 中至少有一个不等于零.如果 $N = 0$，那么由(72)，得 $MX = 1, MY = Z$，并由(73)，得 $X = M^2$，于是 $M^3 = 1$，所以 $M = 1, X = 1, Y = Z$.另外,容易验证,当 Z 为任意数时,$X = 1, Y = Z$ 和 Z 满足方程(69).

所以,我们还可假定 $N \neq 0$，那么由公式(72)和(73)给出

$$X = M^2 + 3N^2, \quad Y = \frac{1 - MX}{3N} = \frac{1 - M(M^2 + 3N^2)}{3N}$$

$$Z = MY - NX = \frac{M - (M^2 + 3N^2)^2}{3N}$$

另外,容易验证,当 $M \neq 0, N \neq 0$ 时从这些公式中还可以得到满足方程(69)的有理数 X, Y, Z.

因此,我们可以用两个任意有理数参数 M 和 N 确定方程(69)的有理数解 X, Y, Z.由方程(69)的每一组有理数解 x, y, z，我们就得到方程(67)的有理数解 $s = uX, t = uY, v = uZ$，这里 u 是任意有理数.因此,我们也能确定方程(65)的所有有理数解.这样也可得到表示方程(65)的所有有理数解的公式,这些公式有三个有理数参数 α, β, γ，即公式

$$x = [1 - (\alpha - 3\beta)(\alpha^2 + 3\beta^2)]\gamma$$

$$y = [-1 + (\alpha + 3\beta)(\alpha^2 + 3\beta^2)]\gamma$$

$$z = [\alpha + 3\beta - (\alpha^2 + 3\beta^2)^2]\gamma$$

$$\omega = [-(\alpha - 3\beta) + (\alpha^2 + 3\beta^2)^2]\gamma$$

这是由欧拉和 Бине 提出的.

我们还注意到,B. Ричмонд 在 1923 年用初等的

96

方法证明了每一个正有理数都是三个正有理数的立方和.但是证明数 1 不是两个正有理数的立方和却不容易(因为这个定理与费马大定理中 $n=3$ 的情况等价).

　　然而容易证明每个有理数都是三个有理数的立方和.将

$$a=12t(t+1),\quad b=(t+1)^3,\quad c=12t(t-1)$$

代入恒等式

$$(a-b)^3+(b-c)^3+c^3=$$
$$3b^2(a-c)+a^3-3b(a^2-c^2)$$

得

$$72t(t+1)^6=(a-b)^3+(b-c)^3+c^3 \qquad (74)$$

　　如果有理数 $w\neq -72$,那么当 $t=\dfrac{w}{72}$ 时,有 $t\neq -1$.由公式(74),得 w 是三个有理数的立方和.如果 $w=-72$,那么

$$w=-72=(-4)^3+(-2)^3+0^3$$

　　现在要证明方程

$$x^2+y^4=2z^3 \qquad (75)$$

的所有正有理数解 x,y,z 都包括在以下公式中

$$x=\frac{a}{b^3}\left(\frac{a^2+b^2}{2}\right)^4,\quad y=\frac{1}{b}\left(\frac{a^2+b^2}{2}\right)^2,\quad z=\frac{1}{b^2}\left(\frac{a^2+b^2}{2}\right)^3$$
$$(76)$$

这里 a 和 b 是任意正有理数.

　　事实上,假定正有理数 x,y,z 满足方程(75).取 $a=\dfrac{yx}{z^2},b=\dfrac{y^3}{z^2}$,则 a 和 b 都是正有理数.由此,根据(75)有

$$\frac{a^2+b^2}{2}=\frac{y^2x^2+y^6}{2z^4}=\frac{y^2(x^2+y^4)}{2z^4}=\frac{y^2\times2z^3}{2z^4}=\frac{y^2}{z}$$

再考虑到关于 a 和 b 的公式,容易验证,公式(76)成立.这样,对每一组满足方程(75)的正有理数都存在使公式(76)成立的正有理数 a 和 b.

另外,容易验证,如果数 a 和 b 是正有理数,那么由公式(76)确定了数 x,y,z 后,就得到满足方程(75)的正有理数.

因此,定理证毕.这一定理是以下一般定理的特殊情况:

方程

$$a_1x_1^{n_1}+a_2x_2^{n_2}+\cdots+a_kx_k^{n_k}=0 \qquad (77)$$

(这里 k 是大于或等于 2 的自然数,$a_1,a_2,\cdots,a_k$ 是整数,$a_1\neq0,a_2+a_3+\cdots+a_k\neq0,n_1,n_2,\cdots,n_k$ 是使 n_1 和 $n_2n_3\cdots n_k$ 互质的自然数)有无穷多组整数解 x_1, $x_2,\cdots,x_k$.而当 $a_1>0,a_2+a_3+\cdots+a_k<0$ 时,有无穷多组自然数解 $x_1,x_2,\cdots,x_k$.

证明　假定定理的条件得到满足,由于 n_1 和 $n_2n_3\cdots n_k$ 互质,那么必存在无穷多组自然数 r,s,使

$$n_1r-(n_2n_3\cdots n_k)s=1 \qquad (78)$$

设

$$t=-(a_2+a_3+\cdots+a_k)a_1^{n_1-1} \qquad (79)$$

$$x_1=a_1^{n_2n_3\cdots n_k-1}t^r$$

$$x_i=a_1^{\frac{n_1n_2\cdots n_k}{n_i}}t^{\frac{n_2n_3\cdots n_k}{n_i}} \qquad (i=2,3,\cdots,k) \qquad (80)$$

数 $x_1,x_2,\cdots,x_k$ 是整数;当 $a_1>0,a_2+a_3+\cdots+a_k<0$ 时,$x_1,x_2,\cdots,x_k$ 是自然数,并且 r,s 取不同的

数值时,数组(80)也取不同的数值.

最后,容易验证数组(80)满足方程(77).实际上,由数组(80)并考虑到式(78),$rn_1 = sn_2 n_3 \cdots n_k + 1$,于是注意到式(79),有

$$a_1 x_1^{n_1} = a_1 a_1^{n_1 n_2 \cdots n_k - n_1} t^{m_1} = a_1 a_1^{n_1 n_2 \cdots n_k - n_1} t t^{s n_2 n_3 \cdots n_k} =$$
$$-(a_2 + a_3 + \cdots + a_k) a_1^{n_1 n_2 \cdots n_k} t^{s n_2 n_3 \cdots n_k}$$

由数组(80),有

$$a_i x_i^{n_i} = a_i a_1^{n_1 n_2 \cdots n_k} t^{s n_2 n_3 \cdots n_k}$$

这样,定理得证.

从欧拉开始,许多数学家都研究了方程

$$x^y = y^x \tag{81}$$

的所有正有理数解 x, y. 如果当 x 是任何有理数,且 $y = x$ 时,有平凡解. 下面求其他 $x \neq y$ 的解,比如说 $y > x$.

这样,假定正有理数 $x, y (y > x)$ 满足方程(81),那么数 $w = \dfrac{x}{y-x}$ 是大于 0 的有理数.

因此 $y = \left(1 + \dfrac{1}{w}\right) x$,并得到 $x^y = x^{(1+\frac{1}{w})x}$. 因为 $x^y = y^x$,所以 $x^{(1+\frac{1}{w})x} = y^x$. 得到

$$x^{1+\frac{1}{w}} = y = \left(1 + \frac{1}{w}\right) x$$

由此可得

$$x^{\frac{1}{w}} = 1 + \frac{1}{w}$$

于是

$$x = \left(1 + \frac{1}{w}\right)^w, \quad y = \left(1 + \frac{1}{w}\right)^{w+1} \tag{82}$$

设 $\dfrac{n}{m}$ 和 $\dfrac{r}{s}$ 是既约分数,分别等于 w 和 x. 由公式(82)得

$$\left(\frac{m+n}{n}\right)^{\frac{n}{m}}=\frac{r}{s}$$

由此

$$\frac{(m+n)^n}{n^n}=\frac{r^m}{s^m}$$

数 m 和 n 互质,于是 $m+n$ 和 n,$(m+n)^n$ 和 n^n 都互质.同理,数 r 和 s,r^m 和 s^m 都互质.所以上述等式的左右两边都是既约分数,于是 $(m+n)^n=r^m$,$n^n=s^m$. 根据这些等式,可推出(见§13.13)存在自然数 k 和 l,使

$$m+n=k^m,\ r=k^n \ 和 \ n=l^m,s=l^n$$

于是 $m+l^m=k^m$. 由此可知,$k\geqslant l+1$. 如果 $m>1$,那么我们有

$$k^m\geqslant(l+1)^m\geqslant l^m+ml^{m-1}+1>l^m+m$$

于是 $k^m>l^m+m$,这是不可能的,所以 $m=1$. 由此 $w=\dfrac{n}{m}=n$.

因此,公式(82)给出

$$x=\left(1+\frac{1}{n}\right)^n,\quad y=\left(1+\frac{1}{n}\right)^{n+1} \tag{83}$$

这里 n 是自然数.

反之,容易验证用这种方法确定的 x 和 y 满足方程(81). 于是方程(81)的所有有理数解 $x,y(y>x>0)$ 都包括在公式(83)中,公式(83)中的 n 是任意自然数.

从这些公式可直接推出只有当 $n=1$ 时得到自然数解,即 $x=2,y=4$. 所以方程(81)只有一组自然数解 $x,y(y>x)$. 但是如果 x,y 是有理数 $(y>x>0)$,那么方程(81)有无穷多组解,即

$$(2,4),\left(\frac{3^2}{2^2},\frac{3^3}{2^3}\right),\left(\frac{4^3}{3^3},\frac{4^4}{3^4}\right),\left(\frac{5^4}{4^4},\frac{5^5}{4^5}\right),\cdots$$

例如

$$\left(\frac{9}{4}\right)^{\frac{27}{8}}=\left(\frac{27}{8}\right)^{\frac{9}{4}}$$

我们还发现,方程(81)只有一组 $y>x$ 的负整数解,即 $x=-4,y=-2$.

最后,想必我们还要提一下由 B. Мних 提出的一个可能是很困难的问题:是否存在三个有理数,它们的和与积都是 1[①]?

本书中提出的这一定理的详细证明,以及针对此证明的参考文献读者可在作者的 "Teoria liczb,第 2 卷,华沙,1959 版" 这本书中找到.

---

① 　Дж. B. C. Кассел 在 1960 年对这一问题给出了否定的答案. 见 Acta Arithmetic. V6. p. 41-52. 1960 年. 容易证明,不存在和与积都是 1 的两个有理数,但是 A. Шинцель 证明了当 $k>3$ 时,存在无穷多组和与积都是 1 的 k 个有理数. (俄译者)

编辑手记

◎

这是一部数论方面的世界名著,因为它的作者是大名鼎鼎的谢尔品斯基.

谢尔品斯基(1882—1969),波兰人,1982年3月14日生于华沙.1900年至1904年在华沙大学学习.由于他参加了大学生的罢课活动,不得不于1905年离校,而后他任教于雅格洛诺夫斯基大学.第一次世界大战期间,他到过苏联的莫斯科等地.1918年起任华沙大学教授.第二次世界大战期间,他仍然在波兰的地下秘密大学里坚持工作.1945年2月起,他在克拉科夫大学工作,同年秋天又回到华沙大学工作.1917年至1951年间他任克拉科夫科学院院士.1952年起任波兰科学院院士.1952年至1957年间任波兰科学院副院长.他还是许多外国科学院院士和学术团体成员.1969年10月21日逝世.

谢尔品斯基主要研究解析学、数论、集合论和拓扑学等,尤其在数论与集合论方面做出了不少贡献.他发表过 700 多种论著,其中有 30 多种大学教科书和专著,还有不少科普著作.其中较为著名的有《一般拓扑学引论》(1934)、《连续统假设》(1934)、《关于方程的整数解》(1961)、《数论基础》(1964)等.

谢尔品斯基 1949 年获波兰国家奖金.

本书的译者是我们工作室的老作者——余应龙先生.他是一位在逆境中发愤图强,最终学有所成的令人尊敬的上海老人.孙晋良[①]院士说:一个人当你没被人重视时,往往会觉得自己怀才不遇,充满失落感.而一旦为你提供了奋斗的舞台,需要你施展自己的才华时,你就会觉得自己掌握的知识之浅薄,知识面之狭窄.

余老师知识面极宽且熟练掌握多门外语,笔者曾与余老先生在上海深谈了整整一个下午,觉得他的经

---

① 孙晋良,产业用纺织材料及复合材料专家.1946 年 1 月 2 日出生,上海市川沙县人.1968 年上海科学技术大学毕业,现任上海大学复合材料研究中心主任,上海市纺织科学研究院副院长、高级工程师.1997 年当选为中国工程院院士.

他主持并研究成功的新型复合材料增强骨架——聚丙烯腈预氧化纤维整体毡获国家发明奖三等奖.主持研究的碳/碳复合材料研究成果处于国际先进水平,3 次荣获国家科技进步二等奖.研制成功的各类碳/碳复合材料已应用于多种固体火箭发动机喷管及防热系统.在特种纤维及特种纺织材料等领域进行了大量的研究和开发工作,成功的研究了导电性合成纤维、复合材料成型用辅料——吸胶透气材料等成果,这些成果在劳动防护、航空、航天等领域得到应用.发表的主要论文有《碳/碳复合材料》《碳纤维多向编织物概述》《聚丙烯腈预氧化纤维针刺整体毡》等.(摘自:《院士思维》(第四卷·中国工程院院士卷),卢嘉锡等主编,安徽教育出版社,2003.)

历颇为励志.回哈尔滨后笔者一改貌似旧日文人的颓废之势,重新振作起来.

本书原著第一版是 1956 年在波兰出版的,后来被译成俄文,本书是从俄文版译过来的,所以它也颇具版本价值.不只从实用的角度去考量,单从藏书的角度看也十分有价值.有位藏书家曾说:"今天这个万物互联的时代,藏书将会越来越珍贵.真正美的东西是不需要'用'的,一旦一个东西失去了使用价值,它的审美价值和收藏价值就会彰显出来,所以藏书家的功能之一,就是把很多书去实用化,去功能化,然后进入美的境界."

当然本书作为大学生和中学生的课外书来阅读也是非常不错的,比现在流行的那些强多了.

马在田[①]院士曾回忆说:到了初中,我的学习兴趣很快被代数学这门新课吸引过去,因为小学时用算术方法解"鸡兔同笼"和"隔

[①] 马在田院士,地球物理学家.1930 年 10 月 4 日出生于辽宁法库.1952 年东北工学院(现东北大学)建筑系肄业.1957 年毕业于前苏联列宁格勒矿业学院地球物理系.现任同济大学海洋地质系教授.1991年当选为中国科学院院士(学部委员).

在反射地震方法方面提出过许多独创性的原理和实用技术,对发展中国地震勘探事业具有重要作用.20 世纪五六十年代提出以"突出地震反射标准层方法"为代表的一系列地震数据处理方法,为华北盆地迅速找到油田发挥了重要作用.20 世纪 70 年代作为中国最大的地球物理计算中心的方法程序研究室的负责人,参与并领导了创建中国大型计算机地震勘探处理系统的工作.20 世纪 80 年代着重进行地震偏移成像和三维地震勘探方法的研究,在偏移成像原理和方法的研究方面取得重大成果,并受到国外地球物理界的重视.(摘自:《院士思维》(第一卷·中国科学院院士卷),卢嘉锡等主编,安徽教育出版社,2003.)

墙分银"之类问题很困难,现在用代数方法来解,又简单又准确,得心应手.自从沉迷于代数学,我就嫌老师课讲得太慢,课文内容不够多.小学时养成的涉猎课外知识的习惯又促使我寻觅课外读物.那时我在一所县城中学读书,学校没有图书馆.幸好城中有一家小书店,店里有不少我要读的数学书,因为买不起书,只好在那里阅读,星期天几乎都是在那里读各种代数书度过的.为了将习题做好,下决心买了一本习题集,通过对两百多个习题的求解,我成为班上代数学的"小权威"了.同学们在代数上有问题总是来问我,有争论时也要我来裁决,我也乐此不疲.另外,我在求解过程中总是极力运用多种解法,从而锻炼了自己遇问题从多方面思考的习惯.有些问题是不能从正面求解的,要从侧面甚至反面入手才能解决.

本工作室对数学怀着宗教般的热情与执着,不忘普及数学之初心,牢记传播数学之使命.一本一本在积累."对个人而言,凡不能怀着激情去做的事情,都是没有意义的."马克斯·韦伯在《学术作为天职》中说的这句话,应该作为我们学术出版的座右铭.

波兰从哥白尼时代开始就有很优良的科学传统,后来其数学成就令世界瞩目,有举世闻名的波兰学派(有华沙和里沃夫两个中心).数论是它的一个特色.

昔日波兰与我国同属社会主义阵营.有着天然的

好感,从书中我们也能感受得到.比如在书中86页就提到柯召院士的一个著名结果.

可以证明方程

$$x^y = y^x$$

只有一组 $x \neq y$ 的自然数解 $x=2, y=4$.

猜想方程

$$x^x y^y = z^z$$

是否有无穷多组自然数解 x, y, z. 1940 年中国数学家柯召求出了当 n 为自然数时

$$x = 2^{2^{n+1}(2^n - n - 1) + 2n}(2^n - 1)^{2(2^n - 1)}$$

$$y = 2^{2^{n+1}(2^n - n - 1)}(2^n - 1)^{2(2^n - 1) + 1}$$

$$z = 2^{2^{n+1}(2^n - n - 1) + n + 1}(2^n - 1)^{2(2^n - 1) + 1}$$

满足这一方程.例如当 $n=2$ 时,得到自然数解 $x = 2^{12} \times 3^6 = 2\,985\,984, y = 2^8 \times 3^7 = 559\,872, z = 2^{11} \times 3^7 = 4\,478\,976$. 柯召还证明了当 x, y 互质时,方程 $x^x y^y = z^z$ 没有大于 1 的自然数解.我们还不知道,是否存在 $x > 1, y > 1$ 和 $z > 1$ 的奇数,使

$$x^x y^y = z^z$$

方程

$$x^z - y^t = 1$$

有没有除了 $x=3, y=2, z=2, t=3$,并且大于 1 的整数解的问题几百年来一直没有被解决.当然称为 Catalan 的定理是假定这样的整数是不存在的. P. Тампель 曾证明了除了上述的解以外,其他大于 1,并且 $x - y = \pm 1$ 的整数解 x, y, z, t 是不存在的.

这个猜想的最新进展是:2002 年,一位并不被此领域的专家所熟悉的数学家 Preda Mihăilesku 给予了

猜想以完整的证明,扭转了它的研究现状.意想不到的是他的证明没有多少计算,而是引用了分圆域理论中一些著名而深刻的理论结果.

Mihăilesku,1955 年出生于罗马尼亚,在苏黎世的 ETH 受过数学教育.他曾在机械工业和金融工程领域工作过,现在,在德国的 Paderborn 大学做研究.

刘培杰

2020 年 1 月 18 日

于哈工大

刘培杰数学工作室
已出版(即将出版)图书目录——初等数学

书 名	出版时间	定 价	编号
新编中学数学解题方法全书(高中版)上卷(第2版)	2018—08	58.00	951
新编中学数学解题方法全书(高中版)中卷(第2版)	2018—08	68.00	952
新编中学数学解题方法全书(高中版)下卷(一)(第2版)	2018—08	58.00	953
新编中学数学解题方法全书(高中版)下卷(二)(第2版)	2018—08	58.00	954
新编中学数学解题方法全书(高中版)下卷(三)(第2版)	2018—08	68.00	955
新编中学数学解题方法全书(初中版)上卷	2008—01	28.00	29
新编中学数学解题方法全书(初中版)中卷	2010—07	38.00	75
新编中学数学解题方法全书(高考复习卷)	2010—01	48.00	67
新编中学数学解题方法全书(高考真题卷)	2010—01	38.00	62
新编中学数学解题方法全书(高考精华卷)	2011—03	68.00	118
新编平面解析几何解题方法全书(专题讲座卷)	2010—01	18.00	61
新编中学数学解题方法全书(自主招生卷)	2013—08	88.00	261
数学奥林匹克与数学文化(第一辑)	2006—05	48.00	4
数学奥林匹克与数学文化(第二辑)(竞赛卷)	2008—01	48.00	19
数学奥林匹克与数学文化(第二辑)(文化卷)	2008—07	58.00	36'
数学奥林匹克与数学文化(第三辑)(竞赛卷)	2010—01	48.00	59
数学奥林匹克与数学文化(第四辑)	2011—08	58.00	87
数学奥林匹克与数学文化(第五辑)	2015—06	98.00	370
世界著名平面几何经典著作钩沉——几何作图专题卷(上)	2009—06	48.00	49
世界著名平面几何经典著作钩沉——几何作图专题卷(下)	2011—01	88.00	80
世界著名平面几何经典著作钩沉(民国平面几何老课本)	2011—03	38.00	113
世界著名平面几何经典著作钩沉(建国初期平面三角老课本)	2015—08	38.00	507
世界著名解析几何经典著作钩沉——平面解析几何卷	2014—01	38.00	264
世界著名数论经典著作钩沉(算术卷)	2012—01	28.00	125
世界著名数学经典著作钩沉——立体几何卷	2011—02	28.00	88
世界著名三角学经典著作钩沉(平面三角卷Ⅰ)	2010—06	28.00	69
世界著名三角学经典著作钩沉(平面三角卷Ⅱ)	2011—01	38.00	78
世界著名初等数论经典著作钩沉(理论和实用算术卷)	2011—07	38.00	126
发展你的空间想象力(第2版)	2019—11	68.00	1117
空间想象力进阶	2019—05	68.00	1062
走向国际数学奥林匹克的平面几何试题诠释.第1卷	2019—07	88.00	1043
走向国际数学奥林匹克的平面几何试题诠释.第2卷	2019—09	78.00	1044
走向国际数学奥林匹克的平面几何试题诠释.第3卷	2019—03	78.00	1045
走向国际数学奥林匹克的平面几何试题诠释.第4卷	2019—09	98.00	1046
平面几何证明方法全书	2007—08	35.00	1
平面几何证明方法全书习题解答(第2版)	2006—12	18.00	10
平面几何天天练上卷·基础篇(直线型)	2013—01	58.00	208
平面几何天天练中卷·基础篇(涉及圆)	2013—01	28.00	234
平面几何天天练下卷·提高篇	2013—01	58.00	237
平面几何专题研究	2013—07	98.00	258

刘培杰数学工作室
已出版(即将出版)图书目录——初等数学

书　名	出版时间	定　价	编号
最新世界各国数学奥林匹克中的平面几何试题	2007—09	38.00	14
数学竞赛平面几何典型题及新颖解	2010—07	48.00	74
初等数学复习及研究(平面几何)	2008—09	58.00	38
初等数学复习及研究(立体几何)	2010—06	38.00	71
初等数学复习及研究(平面几何)习题解答	2009—01	48.00	42
几何学教程(平面几何卷)	2011—03	68.00	90
几何学教程(立体几何卷)	2011—07	68.00	130
几何变换与几何证题	2010—06	88.00	70
计算方法与几何证题	2011—06	28.00	129
立体几何技巧与方法	2014—04	88.00	293
几何瑰宝——平面几何500名题暨1000条定理(上、下)	2010—07	138.00	76,77
三角形的解法与应用	2012—07	18.00	183
近代的三角形几何学	2012—07	48.00	184
一般折线几何学	2015—08	48.00	503
三角形的五心	2009—06	28.00	51
三角形的六心及其应用	2015—10	68.00	542
三角形趣谈	2012—08	28.00	212
解三角形	2014—01	28.00	265
三角学专门教程	2014—09	28.00	387
图天下几何新题试卷.初中(第2版)	2017—11	58.00	855
圆锥曲线习题集(上册)	2013—06	68.00	255
圆锥曲线习题集(中册)	2015—01	78.00	434
圆锥曲线习题集(下册·第1卷)	2016—10	78.00	683
圆锥曲线习题集(下册·第2卷)	2018—01	98.00	853
圆锥曲线习题集(下册·第3卷)	2019—10	128.00	1113
论九点圆	2015—05	88.00	645
近代欧氏几何学	2012—03	48.00	162
罗巴切夫斯基几何学及几何基础概要	2012—07	28.00	188
罗巴切夫斯基几何学初步	2015—06	28.00	474
用三角、解析几何、复数、向量计算解数学竞赛几何题	2015—03	48.00	455
美国中学几何教程	2015—04	88.00	458
三线坐标与三角形特征点	2015—04	98.00	460
平面解析几何方法与研究(第1卷)	2015—05	18.00	471
平面解析几何方法与研究(第2卷)	2015—06	18.00	472
平面解析几何方法与研究(第3卷)	2015—07	18.00	473
解析几何研究	2015—01	38.00	425
解析几何学教程.上	2016—01	38.00	574
解析几何学教程.下	2016—01	38.00	575
几何学基础	2016—01	58.00	581
初等几何研究	2015—02	58.00	444
十九和二十世纪欧氏几何学中的片段	2017—01	58.00	696
平面几何中考.高考.奥数一本通	2017—07	28.00	820
几何学简史	2017—08	28.00	833
四面体	2018—01	48.00	880
平面几何证明方法思路	2018—12	68.00	913
平面几何图形特性新析.上篇	2019—01	68.00	911
平面几何图形特性新析.下篇	2018—06	88.00	912
平面几何范例多解探究.上篇	2018—04	48.00	910
平面几何范例多解探究.下篇	2018—12	68.00	914
从分析解题过程学解题:竞赛中的几何问题研究	2018—07	68.00	946
从分析解题过程学解题:竞赛中的向量几何与不等式研究(全2册)	2019—06	138.00	1090
二维、三维欧氏几何的对偶原理	2018—12	38.00	990
星形大观及闭折线论	2019—03	68.00	1020
圆锥曲线之设点与设线	2019—05	60.00	1063
立体几何的问题和方法	2019—11	58.00	1127

刘培杰数学工作室
已出版(即将出版)图书目录——初等数学

书　　名	出版时间	定价	编号
俄罗斯平面几何问题集	2009—08	88.00	55
俄罗斯立体几何问题集	2014—03	58.00	283
俄罗斯几何大师——沙雷金论数学及其他	2014—01	48.00	271
来自俄罗斯的 5000 道几何习题及解答	2011—03	58.00	89
俄罗斯初等数学问题集	2012—05	38.00	177
俄罗斯函数问题集	2011—03	38.00	103
俄罗斯组合分析问题集	2011—01	48.00	79
俄罗斯初等数学万题选——三角卷	2012—11	38.00	222
俄罗斯初等数学万题选——代数卷	2013—08	68.00	225
俄罗斯初等数学万题选——几何卷	2014—01	68.00	226
俄罗斯《量子》杂志数学征解问题 100 题选	2018—08	48.00	969
俄罗斯《量子》杂志数学征解问题又 100 题选	2018—08	48.00	970
俄罗斯《量子》杂志数学征解问题	2020—05	48.00	1138
463 个俄罗斯几何老问题	2012—01	28.00	152
《量子》数学短文精粹	2018—09	38.00	972
用三角、解析几何等计算解来自俄罗斯的几何题	2019—11	88.00	1119
谈谈素数	2011—03	18.00	91
平方和	2011—03	18.00	92
整数论	2011—05	38.00	120
从整数谈起	2015—10	28.00	538
数与多项式	2016—01	38.00	558
谈谈不定方程	2011—05	28.00	119
解析不等式新论	2009—06	68.00	48
建立不等式的方法	2011—03	98.00	104
数学奥林匹克不等式研究(第 2 版)	2020—07	68.00	1181
不等式研究(第二辑)	2012—02	68.00	153
不等式的秘密(第一卷)(第 2 版)	2014—02	38.00	286
不等式的秘密(第二卷)	2014—01	38.00	268
初等不等式的证明方法	2010—06	38.00	123
初等不等式的证明方法(第二版)	2014—11	38.00	407
不等式·理论·方法(基础卷)	2015—07	38.00	496
不等式·理论·方法(经典不等式卷)	2015—07	38.00	497
不等式·理论·方法(特殊类型不等式卷)	2015—07	48.00	498
不等式探究	2016—03	38.00	582
不等式探秘	2017—01	88.00	689
四面体不等式	2017—01	68.00	715
数学奥林匹克中常见重要不等式	2017—09	38.00	845
三正弦不等式	2018—09	98.00	974
函数方程与不等式:解法与稳定性结果	2019—04	68.00	1058
同余理论	2012—05	38.00	163
[x]与{x}	2015—04	48.00	476
极值与最值.上卷	2015—06	28.00	486
极值与最值.中卷	2015—06	38.00	487
极值与最值.下卷	2015—06	28.00	488
整数的性质	2012—11	38.00	192
完全平方数及其应用	2015—08	78.00	506
多项式理论	2015—10	88.00	541
奇数、偶数、奇偶分析法	2018—01	98.00	876
不定方程及其应用.上	2018—12	58.00	992
不定方程及其应用.中	2019—01	78.00	993
不定方程及其应用.下	2019—02	98.00	994

刘培杰数学工作室
已出版(即将出版)图书目录——初等数学

书　名	出版时间	定　价	编号
历届美国中学生数学竞赛试题及解答(第一卷)1950—1954	2014—07	18.00	277
历届美国中学生数学竞赛试题及解答(第二卷)1955—1959	2014—04	18.00	278
历届美国中学生数学竞赛试题及解答(第三卷)1960—1964	2014—06	18.00	279
历届美国中学生数学竞赛试题及解答(第四卷)1965—1969	2014—04	28.00	280
历届美国中学生数学竞赛试题及解答(第五卷)1970—1972	2014—06	18.00	281
历届美国中学生数学竞赛试题及解答(第六卷)1973—1980	2017—07	18.00	768
历届美国中学生数学竞赛试题及解答(第七卷)1981—1986	2015—01	18.00	424
历届美国中学生数学竞赛试题及解答(第八卷)1987—1990	2017—05	18.00	769
历届中国数学奥林匹克试题集(第2版)	2017—03	38.00	757
历届加拿大数学奥林匹克试题集	2012—08	38.00	215
历届美国数学奥林匹克试题集:1972~2019	2020—04	88.00	1135
历届波兰数学竞赛试题集.第1卷,1949~1963	2015—03	18.00	453
历届波兰数学竞赛试题集.第2卷,1964~1976	2015—03	18.00	454
历届巴尔干数学奥林匹克试题集	2015—05	38.00	466
保加利亚数学奥林匹克	2014—10	38.00	393
圣彼得堡数学奥林匹克试题集	2015—01	38.00	429
匈牙利奥林匹克数学竞赛题解.第1卷	2016—05	28.00	593
匈牙利奥林匹克数学竞赛题解.第2卷	2016—05	28.00	594
历届美国数学邀请赛试题集(第2版)	2017—10	78.00	851
全国高中数学竞赛试题及解答.第1卷	2014—07	38.00	331
普林斯顿大学数学竞赛	2016—06	38.00	669
亚太地区数学奥林匹克竞赛题	2015—07	18.00	492
日本历届(初级)广中杯数学竞赛试题及解答.第1卷(2000~2007)	2016—05	28.00	641
日本历届(初级)广中杯数学竞赛试题及解答.第2卷(2008~2015)	2016—05	38.00	642
360个数学竞赛问题	2016—08	58.00	677
奥数最佳实战题.上卷	2017—06	38.00	760
奥数最佳实战题.下卷	2017—05	58.00	761
哈尔滨市早期中学数学竞赛试题汇编	2016—07	28.00	672
全国高中数学联赛试题及解答:1981—2019(第4版)	2020—07	138.00	1176
20世纪50年代全国部分城市数学竞赛试题汇编	2017—07	28.00	797
国内外数学竞赛题及精解:2017~2018	2019—06	45.00	1092
许康华竞赛优学精选集.第一辑	2018—08	68.00	949
天问叶班数学问题征解100题.Ⅰ,2016—2018	2019—05	88.00	1075
天问叶班数学问题征解100题.Ⅱ,2017—2019	2020—07	98.00	1177
美国初中数学竞赛:AMC8准备(共6卷)	2019—07	138.00	1089
美国高中数学竞赛:AMC10准备(共6卷)	2019—08	158.00	1105
高考数学临门一脚(含密押三套卷)(理科版)	2017—01	45.00	743
高考数学临门一脚(含密押三套卷)(文科版)	2017—01	45.00	744
高考数学题型全归纳:文科版.上	2016—05	53.00	663
高考数学题型全归纳:文科版.下	2016—05	53.00	664
高考数学题型全归纳:理科版.上	2016—05	58.00	665
高考数学题型全归纳:理科版.下	2016—05	58.00	666

刘培杰数学工作室
已出版(即将出版)图书目录——初等数学

书　名	出版时间	定　价	编号
王连笑教你怎样学数学:高考选择题解题策略与客观题实用训练	2014—01	48.00	262
王连笑教你怎样学数学:高考数学高层次讲座	2015—02	48.00	432
高考数学的理论与实践	2009—08	38.00	53
高考数学核心题型解题方法与技巧	2010—01	28.00	86
高考思维新平台	2014—03	38.00	259
30 分钟拿下高考数学选择题、填空题(理科版)	2016—10	39.80	720
30 分钟拿下高考数学选择题、填空题(文科版)	2016—10	39.80	721
高考数学压轴题解题诀窍(上)(第 2 版)	2018—01	58.00	874
高考数学压轴题解题诀窍(下)(第 2 版)	2018—01	48.00	875
北京市五区文科数学三年高考模拟题详解:2013～2015	2015—08	48.00	500
北京市五区理科数学三年高考模拟题详解:2013～2015	2015—09	68.00	505
向量法巧解数学高考题	2009—08	28.00	54
高考数学解题金典(第 2 版)	2017—01	78.00	716
高考物理解题金典(第 2 版)	2019—05	68.00	717
高考化学解题金典(第 2 版)	2019—05	58.00	718
我一定要赚分:高中物理	2016—01	38.00	580
数学高考参考	2016—01	78.00	589
2011～2015 年全国及各省市高考数学文科精品试题审题要津与解法研究	2015—10	68.00	539
2011～2015 年全国及各省市高考数学理科精品试题审题要津与解法研究	2015—10	88.00	540
最新全国及各省市高考数学试卷解法研究及点拨评析	2009—02	38.00	41
2011 年全国及各省市高考数学试题审题要津与解法研究	2011—10	48.00	139
2013 年全国及各省市高考数学试题解析与点评	2014—01	48.00	282
全国及各省市高考数学试题审题要津与解法研究	2015—02	48.00	450
高中数学章节起始课的教学研究与案例设计	2019—05	28.00	1064
新课标高考数学——五年试题分章详解(2007～2011)(上、下)	2011—10	78.00	140,141
全国中考数学压轴题审题要津与解法研究	2013—04	78.00	248
新编全国及各省市中考数学压轴题审题要津与解法研究	2014—05	58.00	342
全国及各省市 5 年中考数学压轴题审题要津与解法研究(2015 版)	2015—04	58.00	462
中考数学专题总复习	2007—04	28.00	6
中考数学较难题常考题型解题方法与技巧	2016—09	48.00	681
中考数学难题常考题型解题方法与技巧	2016—09	48.00	682
中考数学中档题常考题型解题方法与技巧	2017—08	68.00	835
中考数学选择填空压轴好题妙解 365	2017—05	38.00	759
中考数学:三类重点考题的解法例析与习题	2020—04	48.00	1140
中小学数学的历史文化	2019—11	48.00	1124
初中平面几何百题多思创新解	2020—01	58.00	1125
初中数学中考备考	2020—01	58.00	1126
高考数学之九章演义	2019—08	68.00	1044
化学可以这样学:高中化学知识方法智慧感悟疑难辨析	2019—07	58.00	1103
如何成为学习高手	2019—09	58.00	1107
高考数学:经典真题分类解析	2020—04	78.00	1134
从分析解题过程学解题:高考压轴题与竞赛题之关系探究	2020—08	88.00	1179

刘培杰数学工作室
已出版(即将出版)图书目录——初等数学

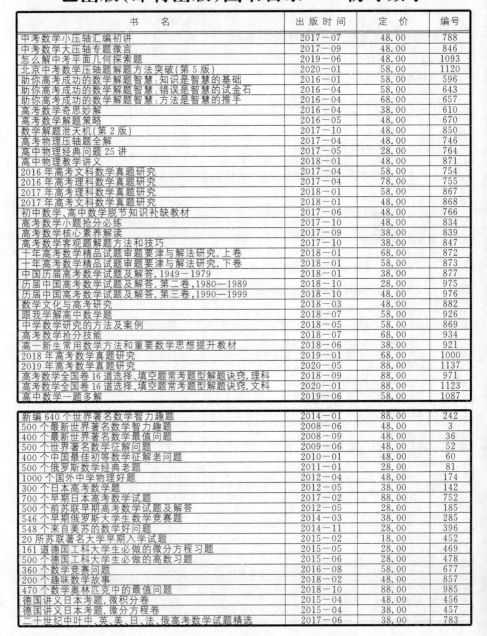

书　名	出版时间	定　价	编号
中考数学小压轴汇编初讲	2017－07	48.00	788
中考数学大压轴专题微言	2017－09	48.00	846
怎么解中考平面几何探索题	2019－06	48.00	1093
北京中考数学压轴题解题方法突破(第5版)	2020－01	58.00	1120
助你高考成功的数学解题智慧:知识是智慧的基础	2016－01	58.00	596
助你高考成功的数学解题智慧:错误是智慧的试金石	2016－04	58.00	643
助你高考成功的数学解题智慧:方法是智慧的推手	2016－04	68.00	657
高考数学奇思妙解	2016－04	38.00	610
高考数学解题策略	2016－05	48.00	670
数学解题泄天机(第2版)	2017－10	48.00	850
高考物理压轴题全解	2017－04	48.00	746
高中物理经典问题25讲	2017－05	28.00	764
高中物理教学讲义	2018－01	48.00	871
2016年高考文科数学真题研究	2017－04	58.00	754
2016年高考理科数学真题研究	2017－04	78.00	755
2017年高考理科数学真题研究	2018－01	58.00	867
2017年高考文科数学真题研究	2018－01	48.00	868
初中数学、高中数学脱节知识补缺教材	2017－06	48.00	766
高考数学小题抢分必练	2017－10	48.00	834
高考数学核心素养解读	2017－09	38.00	839
高考数学客观题解题方法和技巧	2017－10	38.00	847
十年高考数学精品试题审题要津与解法研究.上卷	2018－01	68.00	872
十年高考数学精品试题审题要津与解法研究.下卷	2018－01	58.00	873
中国历届高考数学试题及解答.1949－1979	2018－01	38.00	877
历届中国高考数学试题及解答.第二卷,1980－1989	2018－10	28.00	975
历届中国高考数学试题及解答.第三卷,1990－1999	2018－10	48.00	976
数学文化与高考研究	2018－03	48.00	882
跟我学解高中数学题	2018－07	58.00	926
中学数学研究的方法及案例	2018－05	58.00	869
高考数学抢分技能	2018－07	68.00	934
高一新生常用数学方法和重要数学思想提升教材	2018－06	38.00	921
2018年高考数学真题研究	2019－01	68.00	1000
2019年高考数学真题研究	2020－05	88.00	1137
高考数学全国卷16道选择、填空题常考题型解题诀窍.理科	2018－09	88.00	971
高考数学全国卷16道选择、填空题常考题型解题诀窍.文科	2020－01	88.00	1123
高中数学一题多解	2019－06	58.00	1087
新编640个世界著名数学智力趣题	2014－01	88.00	242
500个最新世界著名数学智力趣题	2008－06	48.00	3
400个最新世界著名数学最值问题	2008－09	48.00	36
500个世界著名数学征解问题	2009－06	48.00	52
400个中国最佳初等数学征解老问题	2010－01	48.00	60
500个俄罗斯数学经典老题	2011－01	28.00	81
1000个国外中学物理好题	2012－04	48.00	174
300个日本高考数学题	2012－05	38.00	142
700个早期日本高考数学试题	2017－02	88.00	752
500个前苏联早期高考数学试题及解答	2012－05	28.00	185
546个早期俄罗斯大学生数学竞赛题	2014－03	38.00	285
548个来自美苏的数学好问题	2014－11	28.00	396
20所苏联著名大学早期入学试题	2015－02	18.00	452
161道德国工科大学生必做的微分方程习题	2015－05	28.00	469
500个德国工科大学生必做的高数习题	2015－06	28.00	478
360个数学竞赛问题	2016－08	58.00	677
200个趣味数学故事	2018－02	48.00	857
470个数学奥林匹克中的最值问题	2018－10	88.00	985
德国讲义日本考题.微积分卷	2015－04	48.00	456
德国讲义日本考题.微分方程卷	2015－04	38.00	457
二十世纪中叶中、英、美、日、法、俄高考数学试题精选	2017－06	38.00	783

刘培杰数学工作室
已出版(即将出版)图书目录——初等数学

书　名	出版时间	定　价	编号
中国初等数学研究　2009 卷(第 1 辑)	2009—05	20.00	45
中国初等数学研究　2010 卷(第 2 辑)	2010—05	30.00	68
中国初等数学研究　2011 卷(第 3 辑)	2011—07	60.00	127
中国初等数学研究　2012 卷(第 4 辑)	2012—07	48.00	190
中国初等数学研究　2014 卷(第 5 辑)	2014—02	48.00	288
中国初等数学研究　2015 卷(第 6 辑)	2015—06	68.00	493
中国初等数学研究　2016 卷(第 7 辑)	2016—04	68.00	609
中国初等数学研究　2017 卷(第 8 辑)	2017—01	98.00	712
初等数学研究在中国.第 1 辑	2019—03	158.00	1024
初等数学研究在中国.第 2 辑	2019—10	158.00	1116
几何变换(Ⅰ)	2014—07	28.00	353
几何变换(Ⅱ)	2015—06	28.00	354
几何变换(Ⅲ)	2015—01	38.00	355
几何变换(Ⅳ)	2015—12	38.00	356
初等数论难题集(第一卷)	2009—05	68.00	44
初等数论难题集(第二卷)(上、下)	2011—02	128.00	82,83
数论概貌	2011—03	18.00	93
代数数论(第二版)	2013—08	58.00	94
代数多项式	2014—06	38.00	289
初等数论的知识与问题	2011—02	28.00	95
超越数论基础	2011—03	28.00	96
数论初等教程	2011—03	28.00	97
数论基础	2011—03	18.00	98
数论基础与维诺格拉多夫	2014—03	18.00	292
解析数论基础	2012—08	28.00	216
解析数论基础(第二版)	2014—01	48.00	287
解析数论问题集(第二版)(原版引进)	2014—05	88.00	343
解析数论问题集(第二版)(中译本)	2016—04	88.00	607
解析数论基础(潘承洞,潘承彪著)	2016—07	98.00	673
解析数论导引	2016—07	58.00	674
数论入门	2011—03	38.00	99
代数数论入门	2015—03	38.00	448
数论开篇	2012—07	28.00	194
解析数论引论	2011—03	48.00	100
Barban Davenport Halberstam 均值和	2009—01	40.00	33
基础数论	2011—03	28.00	101
初等数论 100 例	2011—05	18.00	122
初等数论经典例题	2012—07	18.00	204
最新世界各国数学奥林匹克中的初等数论试题(上、下)	2012—01	138.00	144,145
初等数论(Ⅰ)	2012—01	18.00	156
初等数论(Ⅱ)	2012—01	18.00	157
初等数论(Ⅲ)	2012—01	28.00	158

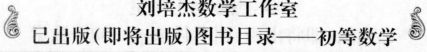

刘培杰数学工作室
已出版(即将出版)图书目录——初等数学

书　　名	出版时间	定　价	编号
平面几何与数论中未解决的新老问题	2013—01	68.00	229
代数数论简史	2014—11	28.00	408
代数数论	2015—09	88.00	532
代数、数论及分析习题集	2016—11	98.00	695
数论导引提要及习题解答	2016—01	48.00	559
素数定理的初等证明.第 2 版	2016—09	48.00	686
数论中的模函数与狄利克雷级数(第二版)	2017—11	78.00	837
数论:数学导引	2018—01	68.00	849
范氏大代数	2019—02	98.00	1016
解析数学讲义.第一卷,导来式及微分、积分、级数	2019—04	88.00	1021
解析数学讲义.第二卷,关于几何的应用	2019—04	68.00	1022
解析数学讲义.第三卷,解析函数论	2019—04	78.00	1023
分析·组合·数论纵横谈	2019—04	58.00	1039
Hall 代数:民国时期的中学数学课本:英文	2019—08	88.00	1106
数学精神巡礼	2019—01	58.00	731
数学眼光透视(第 2 版)	2017—06	78.00	732
数学思想领悟(第 2 版)	2018—01	68.00	733
数学方法溯源(第 2 版)	2018—08	68.00	734
数学解题引论	2017—05	58.00	735
数学史话览胜(第 2 版)	2017—01	48.00	736
数学应用展观(第 2 版)	2017—08	68.00	737
数学建模尝试	2018—04	48.00	738
数学竞赛采风	2018—01	68.00	739
数学测评探营	2019—05	58.00	740
数学技能操握	2018—03	48.00	741
数学欣赏拾趣	2018—02	48.00	742
从毕达哥拉斯到怀尔斯	2007—10	48.00	9
从迪利克雷到维斯卡尔迪	2008—01	48.00	21
从哥德巴赫到陈景润	2008—05	98.00	35
从庞加莱到佩雷尔曼	2011—08	138.00	136
博弈论精粹	2008—03	58.00	30
博弈论精粹.第二版(精装)	2015—01	88.00	461
数学 我爱你	2008—01	28.00	20
精神的圣徒　别样的人生——60 位中国数学家成长的历程	2008—09	48.00	39
数学史概论	2009—06	78.00	50
数学史概论(精装)	2013—03	158.00	272
数学史选讲	2016—01	48.00	544
斐波那契数列	2010—02	28.00	65
数学拼盘和斐波那契魔方	2010—07	38.00	72
斐波那契数列欣赏(第 2 版)	2018—08	58.00	948
Fibonacci 数列中的明珠	2018—06	58.00	928
数学的创造	2011—02	48.00	85
数学美与创造力	2016—01	48.00	595
数海拾贝	2016—01	48.00	590
数学中的美(第 2 版)	2019—04	68.00	1057
数论中的美学	2014—12	38.00	351

刘培杰数学工作室
已出版(即将出版)图书目录——初等数学

书　名	出版时间	定　价	编号
数学王者　科学巨人——高斯	2015—01	28.00	428
振兴祖国数学的圆梦之旅:中国初等数学研究史话	2015—06	98.00	490
二十世纪中国数学史料研究	2015—10	48.00	536
数字谜、数阵图与棋盘覆盖	2016—01	58.00	298
时间的形状	2016—01	38.00	556
数学发现的艺术:数学探索中的合情推理	2016—07	58.00	671
活跃在数学中的参数	2016—07	48.00	675
数学解题——靠数学思想给力(上)	2011—07	38.00	131
数学解题——靠数学思想给力(中)	2011—07	48.00	132
数学解题——靠数学思想给力(下)	2011—07	38.00	133
我怎样解题	2013—01	48.00	227
数学解题中的物理方法	2011—06	28.00	114
数学解题的特殊方法	2011—06	48.00	115
中学数学计算技巧	2012—01	48.00	116
中学数学证明方法	2012—01	58.00	117
数学趣题巧解	2012—03	28.00	128
高中数学教学通鉴	2015—05	58.00	479
和高中生漫谈:数学与哲学的故事	2014—08	28.00	369
算术问题集	2017—03	38.00	789
张教授讲数学	2018—07	38.00	933
陈永明实话实说数学教学	2020—04	68.00	1132
中学数学学科知识与教学能力	2020—06	58.00	1155
自主招生考试中的参数方程问题	2015—01	28.00	435
自主招生考试中的极坐标问题	2015—04	28.00	463
近年全国重点大学自主招生数学试题全解及研究.华约卷	2015—02	38.00	441
近年全国重点大学自主招生数学试题全解及研究.北约卷	2016—05	38.00	619
自主招生数学解证宝典	2015—09	48.00	535
格点和面积	2012—07	18.00	191
射影几何趣谈	2012—04	28.00	175
斯潘纳尔引理——从一道加拿大数学奥林匹克试题谈起	2014—01	28.00	228
李普希兹条件——从几道近年高考数学试题谈起	2012—10	18.00	221
拉格朗日中值定理——从一道北京高考试题的解法谈起	2015—10	18.00	197
闵科夫斯基定理——从一道清华大学自主招生试题谈起	2014—01	28.00	198
哈尔测度——从一道冬令营试题的背景谈起	2012—08	28.00	202
切比雪夫逼近问题——从一道中国台北数学奥林匹克试题谈起	2013—04	38.00	238
伯恩斯坦多项式与贝齐尔曲面——从一道全国高中数学联赛试题谈起	2013—03	38.00	236
卡塔兰猜想——从一道普特南竞赛试题谈起	2013—06	18.00	256
麦卡锡函数和阿克曼函数——从一道前南斯拉夫数学奥林匹克试题谈起	2012—08	18.00	201
贝蒂定理与拉姆贝克莫斯尔定理——从一个拣石子游戏谈起	2012—08	18.00	217
皮亚诺曲线和豪斯道夫分球定理——从无限集谈起	2012—08	18.00	211
平面凸图形与凸多面体	2012—10	28.00	218
斯坦因豪斯问题——从一道二十五省市自治区中学数学竞赛试题谈起	2012—07	18.00	196

刘培杰数学工作室
已出版(即将出版)图书目录——初等数学

书　名	出版时间	定　价	编号
纽结理论中的亚历山大多项式与琼斯多项式——从一道北京市高一数学竞赛试题谈起	2012—07	28.00	195
原则与策略——从波利亚"解题表"谈起	2013—04	38.00	244
转化与化归——从三大尺规作图不能问题谈起	2012—08	28.00	214
代数几何中的贝祖定理(第一版)——从一道 IMO 试题的解法谈起	2013—08	18.00	193
成功连贯理论与约当块理论——从一道比利时数学竞赛试题谈起	2012—04	18.00	180
素数判定与大数分解	2014—08	18.00	199
置换多项式及其应用	2012—10	18.00	220
椭圆函数与模函数——从一道美国加州大学洛杉矶分校(UCLA)博士资格考题谈起	2012—10	28.00	219
差分方程的拉格朗日方法——从一道 2011 年全国高考理科试题的解法谈起	2012—08	18.00	200
力学在几何中的一些应用	2013—01	38.00	240
从根式解到伽罗华理论	2020—01	48.00	1121
康托洛维奇不等式——从一道全国高中联赛试题谈起	2013—03	28.00	337
西格尔引理——从一道第 18 届 IMO 试题的解法谈起	即将出版		
罗斯定理——从一道前苏联数学竞赛试题谈起	即将出版		
拉克斯定理和阿廷定理——从一道 IMO 试题的解法谈起	2014—01	58.00	246
毕卡大定理——从一道美国大学数学竞赛试题谈起	2014—07	18.00	350
贝齐尔曲线——从一道全国高中联赛试题谈起	即将出版		
拉格朗日乘子定理——从一道 2005 年全国高中联赛试题的高等数学解法谈起	2015—05	28.00	480
雅可比定理——从一道日本数学奥林匹克试题谈起	2013—04	48.00	249
李天岩—约克定理——从一道波兰数学竞赛试题谈起	2014—06	28.00	349
整系数多项式因式分解的一般方法——从克朗耐克算法谈起	即将出版		
布劳维不动点定理——从一道前苏联数学奥林匹克试题谈起	2014—01	38.00	273
伯恩赛德定理——从一道英国数学奥林匹克试题谈起	即将出版		
布查特—莫斯特定理——从一道上海市初中竞赛试题谈起	即将出版		
数论中的同余数问题——从一道普特南竞赛试题谈起	即将出版		
范·德蒙行列式——从一道美国数学奥林匹克试题谈起	即将出版		
中国剩余定理:总数法构建中国历史年表	2015—01	28.00	430
牛顿程序与方程求根——从一道全国高考试题解法谈起	即将出版		
库默尔定理——从一道 IMO 预选试题谈起	即将出版		
卢丁定理——从一道冬令营试题的解法谈起	即将出版		
沃斯滕霍姆定理——从一道 IMO 预选试题谈起	即将出版		
卡尔松不等式——从一道莫斯科数学奥林匹克试题谈起	即将出版		
信息论中的香农熵——从一道近年高考压轴题谈起	即将出版		
约当不等式——从一道希望杯竞赛试题谈起	即将出版		
拉比诺维奇定理	即将出版		
刘维尔定理——从一道《美国数学月刊》征解问题的解法谈起	即将出版		
卡塔兰恒等式与级数求和——从一道 IMO 试题的解法谈起	即将出版		
勒让德猜想与素数分布——从一道爱尔兰竞赛试题谈起	即将出版		
天平称重与信息论——从一道基辅市数学奥林匹克试题谈起	即将出版		
哈密尔顿—凯莱定理:从一道高中数学联赛试题的解法谈起	2014—09	18.00	376
艾思特曼定理——从一道 CMO 试题的解法谈起	即将出版		

刘培杰数学工作室
已出版(即将出版)图书目录——初等数学

书　名	出版时间	定　价	编号
阿贝尔恒等式与经典不等式及应用	2018－06	98.00	923
迪利克雷除数问题	2018－07	48.00	930
幻方、幻立方与拉丁方	2019－08	48.00	1092
帕斯卡三角形	2014－03	18.00	294
蒲丰投针问题——从2009年清华大学的一道自主招生试题谈起	2014－01	38.00	295
斯图姆定理——从一道"华约"自主招生试题的解法谈起	2014－01	18.00	296
许瓦兹引理——从一道加利福尼亚大学伯克利分校数学系博士生试题谈起	2014－08	18.00	297
拉姆塞定理——从王诗宬院士的一个问题谈起	2016－04	48.00	299
坐标法	2013－12	28.00	332
数论三角形	2014－04	38.00	341
毕克定理	2014－07	18.00	352
数林掠影	2014－09	48.00	389
我们周围的概率	2014－10	38.00	390
凸函数最值定理:从一道华约自主招生题的解法谈起	2014－10	28.00	391
易学与数学奥林匹克	2014－10	38.00	392
生物数学趣谈	2015－01	18.00	409
反演	2015－01	28.00	420
因式分解与圆锥曲线	2015－01	18.00	426
轨迹	2015－01	28.00	427
面积原理:从常庚哲命的一道CMO试题的积分解法谈起	2015－01	48.00	431
形形色色的不动点定理:从一道28届IMO试题谈起	2015－01	38.00	439
柯西函数方程:从一道上海交大自主招生的试题谈起	2015－02	28.00	440
三角恒等式	2015－02	28.00	442
无理性判定:从一道2014年"北约"自主招生试题谈起	2015－01	38.00	443
数学归纳法	2015－03	18.00	451
极端原理与解题	2015－04	28.00	464
法雷级数	2014－08	18.00	367
摆线族	2015－01	38.00	438
函数方程及其解法	2015－05	38.00	470
含参数的方程和不等式	2012－09	28.00	213
希尔伯特第十问题	2016－01	38.00	543
无穷小量的求和	2016－01	28.00	545
切比雪夫多项式:从一道清华大学金秋营试题谈起	2016－01	38.00	583
泽肯多夫定理	2016－03	38.00	599
代数等式证题法	2016－01	28.00	600
三角等式证题法	2016－01	28.00	601
吴大任教授藏书中的一个因式分解公式:从一道美国数学邀请赛试题的解法谈起	2016－06	28.00	656
易卦——类万物的数学模型	2017－08	68.00	838
"不可思议"的数与数系可持续发展	2018－01	38.00	878
最短线	2018－01	38.00	879
幻方和魔方(第一卷)	2012－05	68.00	173
尘封的经典——初等数学经典文献选读(第一卷)	2012－07	48.00	205
尘封的经典——初等数学经典文献选读(第二卷)	2012－07	38.00	206
初级方程式论	2011－03	28.00	106
初等数学研究(Ⅰ)	2008－09	68.00	37
初等数学研究(Ⅱ)(上、下)	2009－05	118.00	46,47

书　名	出版时间	定价	编号
趣味初等方程妙题集锦	2014—09	48.00	388
趣味初等数论选美与欣赏	2015—02	48.00	445
耕读笔记(上卷):一位农民数学爱好者的初数探索	2015—04	28.00	459
耕读笔记(中卷):一位农民数学爱好者的初数探索	2015—05	28.00	483
耕读笔记(下卷):一位农民数学爱好者的初数探索	2015—05	28.00	484
几何不等式研究与欣赏.上卷	2016—01	88.00	547
几何不等式研究与欣赏.下卷	2016—01	48.00	552
初等数列研究与欣赏·上	2016—01	48.00	570
初等数列研究与欣赏·下	2016—01	48.00	571
趣味初等函数研究与欣赏.上	2016—09	48.00	684
趣味初等函数研究与欣赏.下	2018—09	48.00	685
火柴游戏	2016—05	38.00	612
智力解谜.第1卷	2017—07	38.00	613
智力解谜.第2卷	2017—07	38.00	614
故事智力	2016—07	48.00	615
名人们喜欢的智力问题	2020—01	48.00	616
数学大师的发现、创造与失误	2018—01	48.00	617
异曲同工	2018—09	48.00	618
数学的味道	2018—01	58.00	798
数学千字文	2018—10	68.00	977
数贝偶拾——高考数学题研究	2014—04	28.00	274
数贝偶拾——初等数学研究	2014—04	38.00	275
数贝偶拾——奥数题研究	2014—04	48.00	276
钱昌本教你快乐学数学(上)	2011—12	48.00	155
钱昌本教你快乐学数学(下)	2012—03	58.00	171
集合、函数与方程	2014—01	28.00	300
数列与不等式	2014—01	38.00	301
三角与平面向量	2014—01	28.00	302
平面解析几何	2014—01	38.00	303
立体几何与组合	2014—01	28.00	304
极限与导数、数学归纳法	2014—01	38.00	305
趣味数学	2014—03	28.00	306
教材教法	2014—04	68.00	307
自主招生	2014—05	58.00	308
高考压轴题(上)	2015—01	48.00	309
高考压轴题(下)	2014—10	68.00	310
从费马到怀尔斯——费马大定理的历史	2013—10	198.00	I
从庞加莱到佩雷尔曼——庞加莱猜想的历史	2013—10	298.00	II
从切比雪夫到爱尔特希(上)——素数定理的初等证明	2013—07	48.00	III
从切比雪夫到爱尔特希(下)——素数定理100年	2012—12	98.00	III
从高斯到盖尔方特——二次域的高斯猜想	2013—10	198.00	IV
从库默尔到朗兰兹——朗兰兹猜想的历史	2014—01	98.00	V
从比勃巴赫到德布朗斯——比勃巴赫猜想的历史	2014—02	298.00	VI
从麦比乌斯到陈省身——麦比乌斯变换与麦比乌斯带	2014—02	298.00	VII
从布尔到豪斯道夫——布尔方程与格论漫谈	2013—10	198.00	VIII
从开普勒到阿诺德——三体问题的历史	2014—05	298.00	IX
从华林到华罗庚——华林问题的历史	2013—10	298.00	X

刘培杰数学工作室
已出版(即将出版)图书目录——初等数学

书　　名	出版时间	定　价	编号
美国高中数学竞赛五十讲.第1卷(英文)	2014—08	28.00	357
美国高中数学竞赛五十讲.第2卷(英文)	2014—08	28.00	358
美国高中数学竞赛五十讲.第3卷(英文)	2014—09	28.00	359
美国高中数学竞赛五十讲.第4卷(英文)	2014—09	28.00	360
美国高中数学竞赛五十讲.第5卷(英文)	2014—10	28.00	361
美国高中数学竞赛五十讲.第6卷(英文)	2014—11	28.00	362
美国高中数学竞赛五十讲.第7卷(英文)	2014—12	28.00	363
美国高中数学竞赛五十讲.第8卷(英文)	2015—01	28.00	364
美国高中数学竞赛五十讲.第9卷(英文)	2015—01	28.00	365
美国高中数学竞赛五十讲.第10卷(英文)	2015—02	38.00	366
三角函数(第2版)	2017—04	38.00	626
不等式	2014—01	38.00	312
数列	2014—01	38.00	313
方程(第2版)	2017—04	38.00	624
排列和组合	2014—01	28.00	315
极限与导数(第2版)	2016—04	38.00	635
向量(第2版)	2018—08	58.00	627
复数及其应用	2014—08	28.00	318
函数	2014—01	38.00	319
集合	2020—01	48.00	320
直线与平面	2014—01	28.00	321
立体几何(第2版)	2016—04	38.00	629
解三角形	即将出版		323
直线与圆(第2版)	2016—11	38.00	631
圆锥曲线(第2版)	2016—09	48.00	632
解题通法(一)	2014—07	38.00	326
解题通法(二)	2014—07	38.00	327
解题通法(三)	2014—05	38.00	328
概率与统计	2014—01	28.00	329
信息迁移与算法	即将出版		330
IMO 50 年.第1卷(1959—1963)	2014—11	28.00	377
IMO 50 年.第2卷(1964—1968)	2014—11	28.00	378
IMO 50 年.第3卷(1969—1973)	2014—09	28.00	379
IMO 50 年.第4卷(1974—1978)	2016—04	38.00	380
IMO 50 年.第5卷(1979—1984)	2015—04	38.00	381
IMO 50 年.第6卷(1985—1989)	2015—04	58.00	382
IMO 50 年.第7卷(1990—1994)	2016—01	48.00	383
IMO 50 年.第8卷(1995—1999)	2016—06	38.00	384
IMO 50 年.第9卷(2000—2004)	2015—04	58.00	385
IMO 50 年.第10卷(2005—2009)	2016—01	48.00	386
IMO 50 年.第11卷(2010—2015)	2017—03	48.00	646

刘培杰数学工作室
已出版(即将出版)图书目录——初等数学

书 名	出版时间	定 价	编号
数学反思(2006—2007)	即将出版		915
数学反思(2008—2009)	2019—01	68.00	917
数学反思(2010—2011)	2018—05	58.00	916
数学反思(2012—2013)	2019—01	58.00	918
数学反思(2014—2015)	2019—03	78.00	919
历届美国大学生数学竞赛试题集.第一卷(1938—1949)	2015—01	28.00	397
历届美国大学生数学竞赛试题集.第二卷(1950—1959)	2015—01	28.00	398
历届美国大学生数学竞赛试题集.第三卷(1960—1969)	2015—01	28.00	399
历届美国大学生数学竞赛试题集.第四卷(1970—1979)	2015—01	18.00	400
历届美国大学生数学竞赛试题集.第五卷(1980—1989)	2015—01	28.00	401
历届美国大学生数学竞赛试题集.第六卷(1990—1999)	2015—01	28.00	402
历届美国大学生数学竞赛试题集.第七卷(2000—2009)	2015—08	18.00	403
历届美国大学生数学竞赛试题集.第八卷(2010—2012)	2015—01	18.00	404
新课标高考数学创新题解题诀窍:总论	2014—09	28.00	372
新课标高考数学创新题解题诀窍:必修1～5分册	2014—08	38.00	373
新课标高考数学创新题解题诀窍:选修2—1,2—2,1—1,1—2分册	2014—09	38.00	374
新课标高考数学创新题解题诀窍:选修2—3,4—4,4—5分册	2014—09	18.00	375
全国重点大学自主招生英文数学试题全攻略:词汇卷	2015—07	48.00	410
全国重点大学自主招生英文数学试题全攻略:概念卷	2015—01	28.00	411
全国重点大学自主招生英文数学试题全攻略:文章选读卷(上)	2016—09	38.00	412
全国重点大学自主招生英文数学试题全攻略:文章选读卷(下)	2017—01	58.00	413
全国重点大学自主招生英文数学试题全攻略:试题卷	2015—07	38.00	414
全国重点大学自主招生英文数学试题全攻略:名著欣赏卷	2017—03	48.00	415
劳埃德数学趣题大全.题目卷.1:英文	2016—01	18.00	516
劳埃德数学趣题大全.题目卷.2:英文	2016—01	18.00	517
劳埃德数学趣题大全.题目卷.3:英文	2016—01	18.00	518
劳埃德数学趣题大全.题目卷.4:英文	2016—01	18.00	519
劳埃德数学趣题大全.题目卷.5:英文	2016—01	18.00	520
劳埃德数学趣题大全.答案卷:英文	2016—01	18.00	521
李成章教练奥数笔记.第1卷	2016—01	48.00	522
李成章教练奥数笔记.第2卷	2016—01	48.00	523
李成章教练奥数笔记.第3卷	2016—01	38.00	524
李成章教练奥数笔记.第4卷	2016—01	38.00	525
李成章教练奥数笔记.第5卷	2016—01	38.00	526
李成章教练奥数笔记.第6卷	2016—01	38.00	527
李成章教练奥数笔记.第7卷	2016—01	38.00	528
李成章教练奥数笔记.第8卷	2016—01	48.00	529
李成章教练奥数笔记.第9卷	2016—01	28.00	530

书　名	出版时间	定　价	编号
第19~23届"希望杯"全国数学邀请赛试题审题要津详细评注(初一版)	2014—03	28.00	333
第19~23届"希望杯"全国数学邀请赛试题审题要津详细评注(初二、初三版)	2014—03	38.00	334
第19~23届"希望杯"全国数学邀请赛试题审题要津详细评注(高一版)	2014—03	28.00	335
第19~23届"希望杯"全国数学邀请赛试题审题要津详细评注(高二版)	2014—03	38.00	336
第19~25届"希望杯"全国数学邀请赛试题审题要津详细评注(初一版)	2015—01	38.00	416
第19~25届"希望杯"全国数学邀请赛试题审题要津详细评注(初二、初三版)	2015—01	58.00	417
第19~25届"希望杯"全国数学邀请赛试题审题要津详细评注(高一版)	2015—01	48.00	418
第19~25届"希望杯"全国数学邀请赛试题审题要津详细评注(高二版)	2015—01	48.00	419
物理奥林匹克竞赛大题典——力学卷	2014—11	48.00	405
物理奥林匹克竞赛大题典——热学卷	2014—04	28.00	339
物理奥林匹克竞赛大题典——电磁学卷	2015—07	48.00	406
物理奥林匹克竞赛大题典——光学与近代物理卷	2014—06	28.00	345
历届中国东南地区数学奥林匹克试题集(2004~2012)	2014—06	18.00	346
历届中国西部地区数学奥林匹克试题集(2001~2012)	2014—07	18.00	347
历届中国女子数学奥林匹克试题集(2002~2012)	2014—08	18.00	348
数学奥林匹克在中国	2014—06	98.00	344
数学奥林匹克问题集	2014—01	38.00	267
数学奥林匹克不等式散论	2010—06	38.00	124
数学奥林匹克不等式欣赏	2011—09	38.00	138
数学奥林匹克超级题库(初中卷上)	2010—01	58.00	66
数学奥林匹克不等式证明方法和技巧(上、下)	2011—08	158.00	134,135
他们学什么:原民主德国中学数学课本	2016—09	38.00	658
他们学什么:英国中学数学课本	2016—09	38.00	659
他们学什么:法国中学数学课本.1	2016—09	38.00	660
他们学什么:法国中学数学课本.2	2016—09	28.00	661
他们学什么:法国中学数学课本.3	2016—09	38.00	662
他们学什么:苏联中学数学课本	2016—09	28.00	679
高中数学题典——集合与简易逻辑·函数	2016—07	48.00	647
高中数学题典——导数	2016—07	48.00	648
高中数学题典——三角函数·平面向量	2016—07	48.00	649
高中数学题典——数列	2016—07	58.00	650
高中数学题典——不等式·推理与证明	2016—07	38.00	651
高中数学题典——立体几何	2016—07	48.00	652
高中数学题典——平面解析几何	2016—07	78.00	653
高中数学题典——计数原理·统计·概率·复数	2016—07	48.00	654
高中数学题典——算法·平面几何·初等数论·组合数学·其他	2016—07	68.00	655

刘培杰数学工作室
已出版(即将出版)图书目录——初等数学

书　名	出版时间	定　价	编号
台湾地区奥林匹克数学竞赛试题.小学一年级	2017—03	38.00	722
台湾地区奥林匹克数学竞赛试题.小学二年级	2017—03	38.00	723
台湾地区奥林匹克数学竞赛试题.小学三年级	2017—03	38.00	724
台湾地区奥林匹克数学竞赛试题.小学四年级	2017—03	38.00	725
台湾地区奥林匹克数学竞赛试题.小学五年级	2017—03	38.00	726
台湾地区奥林匹克数学竞赛试题.小学六年级	2017—03	38.00	727
台湾地区奥林匹克数学竞赛试题.初中一年级	2017—03	38.00	728
台湾地区奥林匹克数学竞赛试题.初中二年级	2017—03	38.00	729
台湾地区奥林匹克数学竞赛试题.初中三年级	2017—03	28.00	730
不等式证题法	2017—04	28.00	747
平面几何培优教程	2019—08	88.00	748
奥数鼎级培优教程.高一分册	2018—09	88.00	749
奥数鼎级培优教程.高二分册.上	2018—04	68.00	750
奥数鼎级培优教程.高二分册.下	2018—04	68.00	751
高中数学竞赛冲刺宝典	2019—04	68.00	883
初中尖子生数学超级题典.实数	2017—07	58.00	792
初中尖子生数学超级题典.式、方程与不等式	2017—08	58.00	793
初中尖子生数学超级题典.圆、面积	2017—08	38.00	794
初中尖子生数学超级题典.函数、逻辑推理	2017—08	48.00	795
初中尖子生数学超级题典.角、线段、三角形与多边形	2017—07	58.00	796
数学王子——高斯	2018—01	48.00	858
坎坷奇星——阿贝尔	2018—01	48.00	859
闪烁奇星——伽罗瓦	2018—01	58.00	860
无穷统帅——康托尔	2018—01	48.00	861
科学公主——柯瓦列夫斯卡娅	2018—01	48.00	862
抽象代数之母——埃米·诺特	2018—01	48.00	863
电脑先驱——图灵	2018—01	58.00	864
昔日神童——维纳	2018—01	48.00	865
数坛怪侠——爱尔特希	2018—01	68.00	866
传奇数学家徐利治	2019—09	88.00	1110
当代世界中的数学.数学思想与数学基础	2019—01	38.00	892
当代世界中的数学.数学问题	2019—01	38.00	893
当代世界中的数学.应用数学与数学应用	2019—01	38.00	894
当代世界中的数学.数学王国的新疆域(一)	2019—01	38.00	895
当代世界中的数学.数学王国的新疆域(二)	2019—01	38.00	896
当代世界中的数学.数林撷英(一)	2019—01	38.00	897
当代世界中的数学.数林撷英(二)	2019—01	48.00	898
当代世界中的数学.数学之路	2019—01	38.00	899

刘培杰数学工作室
已出版(即将出版)图书目录——初等数学

书 名	出版时间	定 价	编号
105 个代数问题:来自 AwesomeMath 夏季课程	2019—02	58.00	956
106 个几何问题:来自 AwesomeMath 夏季课程	即将出版		957
107 个几何问题:来自 AwesomeMath 全年课程	2020—07	58.00	958
108 个代数问题:来自 AwesomeMath 全年课程	2019—01	68.00	959
109 个不等式:来自 AwesomeMath 夏季课程	2019—04	58.00	960
国际数学奥林匹克中的 110 个几何问题	即将出版		961
111 个代数和数论问题	2019—05	58.00	962
112 个组合问题:来自 AwesomeMath 夏季课程	2019—05	58.00	963
113 个几何不等式:来自 AwesomeMath 夏季课程	即将出版		964
114 个指数和对数问题:来自 AwesomeMath 夏季课程	2019—09	48.00	965
115 个三角问题:来自 AwesomeMath 夏季课程	2019—09	58.00	966
116 个代数不等式:来自 AwesomeMath 全年课程	2019—04	58.00	967
紫色彗星国际数学竞赛试题	2019—02	58.00	999
数学竞赛中的数学:为数学爱好者、父母、教师和教练准备的丰富资源.第一部	2020—04	58.00	1141
数学竞赛中的数学:为数学爱好者、父母、教师和教练准备的丰富资源.第二部	2020—07	48.00	1142
澳大利亚中学数学竞赛试题及解答(初级卷)1978~1984	2019—02	28.00	1002
澳大利亚中学数学竞赛试题及解答(初级卷)1985~1991	2019—02	28.00	1003
澳大利亚中学数学竞赛试题及解答(初级卷)1992~1998	2019—02	28.00	1004
澳大利亚中学数学竞赛试题及解答(初级卷)1999~2005	2019—02	28.00	1005
澳大利亚中学数学竞赛试题及解答(中级卷)1978~1984	2019—03	28.00	1006
澳大利亚中学数学竞赛试题及解答(中级卷)1985~1991	2019—03	28.00	1007
澳大利亚中学数学竞赛试题及解答(中级卷)1992~1998	2019—03	28.00	1008
澳大利亚中学数学竞赛试题及解答(中级卷)1999~2005	2019—03	28.00	1009
澳大利亚中学数学竞赛试题及解答(高级卷)1978~1984	2019—05	28.00	1010
澳大利亚中学数学竞赛试题及解答(高级卷)1985~1991	2019—05	28.00	1011
澳大利亚中学数学竞赛试题及解答(高级卷)1992~1998	2019—05	28.00	1012
澳大利亚中学数学竞赛试题及解答(高级卷)1999~2005	2019—05	28.00	1013
天才中小学生智力测验题.第一卷	2019—03	38.00	1026
天才中小学生智力测验题.第二卷	2019—03	38.00	1027
天才中小学生智力测验题.第三卷	2019—03	38.00	1028
天才中小学生智力测验题.第四卷	2019—03	38.00	1029
天才中小学生智力测验题.第五卷	2019—03	38.00	1030
天才中小学生智力测验题.第六卷	2019—03	38.00	1031
天才中小学生智力测验题.第七卷	2019—03	38.00	1032
天才中小学生智力测验题.第八卷	2019—03	38.00	1033
天才中小学生智力测验题.第九卷	2019—03	38.00	1034
天才中小学生智力测验题.第十卷	2019—03	38.00	1035
天才中小学生智力测验题.第十一卷	2019—03	38.00	1036
天才中小学生智力测验题.第十二卷	2019—03	38.00	1037
天才中小学生智力测验题.第十三卷	2019—03	38.00	1038

刘培杰数学工作室
已出版(即将出版)图书目录——初等数学

书　　名	出版时间	定　价	编号
重点大学自主招生数学备考全书:函数	2020－05	48.00	1047
重点大学自主招生数学备考全书:导数	2020－08	48.00	1048
重点大学自主招生数学备考全书:数列与不等式	2019－10	78.00	1049
重点大学自主招生数学备考全书:三角函数与平面向量	即将出版		1050
重点大学自主招生数学备考全书:平面解析几何	2020－07	58.00	1051
重点大学自主招生数学备考全书:立体几何与平面几何	2019－08	48.00	1052
重点大学自主招生数学备考全书:排列组合·概率统计·复数	2019－09	48.00	1053
重点大学自主招生数学备考全书:初等数论与组合数学	2019－08	48.00	1054
重点大学自主招生数学备考全书:重点大学自主招生真题.上	2019－04	68.00	1055
重点大学自主招生数学备考全书:重点大学自主招生真题.下	2019－04	58.00	1056
高中数学竞赛培训教程:平面几何问题的求解方法与策略.上	2018－05	68.00	906
高中数学竞赛培训教程:平面几何问题的求解方法与策略.下	2018－06	78.00	907
高中数学竞赛培训教程:整除与同余以及不定方程	2018－01	88.00	908
高中数学竞赛培训教程:组合计数与组合极值	2018－04	48.00	909
高中数学竞赛培训教程:初等代数	2019－04	78.00	1042
高中数学讲座:数学竞赛基础教程(第一册)	2019－06	48.00	1094
高中数学讲座:数学竞赛基础教程(第二册)	即将出版		1095
高中数学讲座:数学竞赛基础教程(第三册)	即将出版		1096
高中数学讲座:数学竞赛基础教程(第四册)	即将出版		1097

联系地址:哈尔滨市南岗区复华四道街 10 号　哈尔滨工业大学出版社刘培杰数学工作室
网　　址:http://lpj.hit.edu.cn/
邮　　编:150006
联系电话:0451－86281378　　13904613167
E-mail:lpj1378@163.com